공사공단

최단기 문제풀이

전자일반

PREFACE

청년 실업자가 30만 명에 육박, 국가 사회적으로 커다란 문제가 되고 있습니다. 정부의 공식 통계를 넘어 실제 체감의 청년 실업률은 30%에 달한다는 분석도 나옵니다. 이러한 상황에서 대학생과 대졸자들에게 '꿈의 직장'으로 그려지는 공기업에 입사하기 위해 많은 지원자들이 몰려들고 있습니다. 그래서 공사·공단에 입사하는 것이 갈수록 더 어렵고 간절해질 수밖에 없습니다.

많은 공사·공단의 필기시험에 전자일반이 포함되어 있습니다. 전자일반의 경우 내용이 워낙 광범위하기 때문에 체계적이고 효율적인 방법으로 공부하는 것이 무엇보다 중요합니다. 이에 서원각은 공사·공단을 준비하는 수험생들에게 필요한 것을 제공하기 위해 진심으로 고심하여 이 책을 만들었습니다.

본서는 수험생들이 보다 쉽게 전자일반 과목에 대한 감을 자도록 돕기 위하여 단원별 필수 유형문제를 엄선하여 구성하였습니다. 또한 해설과 설명과 함께 중요 내용에 대해 확인할 수 있도록 구성하였습니다.

수험생들이 본서와 함께 합격이라는 꿈을 이룰 수 있기를 바랍니다.

STRUCTURE

▌ 시험 유형 완벽 분석

다양한 유형의 문제를 체계적으로 분석하여 내용에 대한 흐름을 파악할 수 있도록 구성하였습니다.

▌ 단원별 기출문제 복원

최신 기출문제를 비롯하여 그동안 시행된 기출문제를 복원·재구성하여 출제유형 파악에 도움이 되도록 만전을 기하였습니다.

▌ 해설의 상세화

기출문제 및 출제예상문제에 대한 해설을 이해하기 쉽도록 상세하게 기술하여 실전에 충분히 대비할 수 있도록 하였습니다.

01 전자의 운동

1 어느 자기장에 의하여 생기는 자기장의 세기를 $\frac{1}{2}$로 하려면 자극으로부터의 거리를 로 하면 되는가?

① $\sqrt{2}$ 배   ② 2 배

③ $\frac{1}{\sqrt{2}}$ 배   ④ $\frac{1}{4}$ 배

※ NOTE $H = \frac{I}{2\pi r}$ [AT/m], H일 때 거리 $r_1 = \frac{I}{2\pi H}$, $\frac{1}{2}H$일 때의 거리 $r_2 = \frac{I}{2\pi \frac{H}{2}} = $

$\therefore \frac{r_2}{r_1} = \frac{\frac{I}{\pi H}}{\frac{I}{2\pi H}} = \frac{2}{1} = 2$

따라서, 거리를 2배로 하면 된다.

핵심예상문제

그동안 실시되어 온 기출문제의 유형을 파악하고 출제가 예상되는 핵심영역에 대하여 다양한 유형의 문제로 재구성하였습니다.

② 이것은 진공관회로의 그리드 변조에 대응한다.
③ 베이스 변조에 비하여 왜음이 적고 효율도 좋다.
④ 동작은 변조 전압을 가하면 컬렉터 전압이 변화하여 컬렉터 전류가 변화하므

※ NOTE ※ 컬렉터 변조

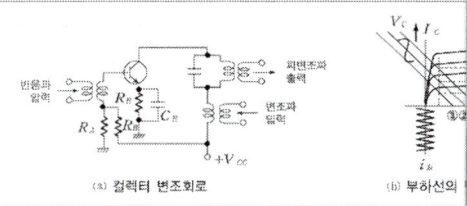

(a) 컬렉터 변조회로   (b) 부하선의

㉠ 컬렉터 변조는 진공관회로의 플레이트 변조에 해당된다. 베이스에 반송파를 압에 변조파를 가하면 그림 (b)의 $V_c - I_c$ 곡선에서 변조파를 가함에 따라 하고 부하직선이 ①②③으로 변화하여 컬렉터 전류가 변화하므로 동조회로를 켜낸다.
㉡ 피변조석은 B급 또는 C급으로 동작을 하게 된다. B급으로 동작시키려면 R 으면 되고, C급으로 동작시키려면 R_B를 제거하고 R_4의 되먹임회로에 의 어스를 걸면 된다.

해설 및 보충설명

핵심을 콕! 짚는 해설과 참고가 되는 보충설명을 통해 기본이론에 대한 지식이 부족해도 문제풀이가 가능하도록 내용을 심도 있게 정리하였습니다.

CONTENTS

—

PART 01 **전자현상**

1. 전자의 운동 ··· 10
2. 전자의 방출 ··· 18

PART 02 **반도체 이론**

1. 반도체 ··· 24
2. 반도체 소자 ··· 32

PART 03 **증폭회로**

1. 증폭회로의 기초 ··· 42
2. 트랜지스터 증폭회로 ··· 48
3. 그 밖의 증폭회로 ··· 60

PART 04 **발진회로**

1. 발진회로의 기초 ··· 70
2. LC 발진회로 ··· 74
3. RC 발진회로 ··· 79
4. 수정 발진회로 ·· 82

PART 05 **변·복조회로**

1. 진폭 변조 ··· 90
2. 주파수 변조·위상 변조·펄스 변조 ······················· 99
3. AM 검파회로 ··· 108
4. FM 검파회로 ··· 112

PART 06 **펄스회로**

1. 펄스파형의 성질 ·· 118
2. 미 · 적분회로의 입 · 출력파형 ······················ 122
3. 펄스 발생회로 ·· 125
4. 파형 조작회로 ·· 132

PART 07 **회로이론**

1. 회로망의 기초 ·· 140
2. 회로이론 ··· 144
3. 2단자망과 4단자망 ····································· 155
4. 교류회로 ··· 161

PART 08 **연산 증폭기**

1. 연산 증폭기의 특성 ···································· 168
2. 차동 연산 증폭기 ······································ 172
3. 연산 증폭회로의 응용 ·································· 177

PART 09 **논리회로**

1. 수의 진법과 코드 ······································ 186
2. 불 대수(드 모르간의 법칙), 카르노 맵 ·············· 192
3. 플립플롭 ··· 197
4. 논리회로 ··· 206
5. 전자계산기의 논리회로 ································· 216

PART 10 **전원회로**

1. 정류회로 ··· 222
2. 평활회로 ··· 226
3. 전원회로 ··· 229

전자현상

01. 전자의 운동
02. 전자의 방출

전자의 운동

1 어느 자기장에 의하여 생기는 자기장의 세기를 $\frac{1}{2}$로 하려면 자극으로부터의 거리를 몇 배로 하면 되는가?

① $\sqrt{2}$ 배

② 2배

③ $\frac{1}{\sqrt{2}}$ 배

④ $\frac{1}{4}$ 배

> ※ NOTE ※ $H=\dfrac{I}{2\pi r}$ [AT/m], H일 때 거리 $r_1=\dfrac{I}{2\pi H}$, $\frac{1}{2}H$일 때의 거리 $r_2=\dfrac{I}{2\pi\dfrac{H}{2}}=\dfrac{I}{\pi H}$
>
> $\therefore \dfrac{r_2}{r_1}=\dfrac{\dfrac{I}{\pi H}}{\dfrac{I}{2\pi H}}=\dfrac{2}{1}=2$
>
> 따라서, 거리를 2배로 하면 된다.

2 "유도기전력의 방향은 자속의 변화를 방해하려는 방향으로 발생한다."는 법칙은?

① 패러데이의 법칙

② 렌쯔의 법칙

③ 플레밍의 오른손 법칙

④ 암페어의 법칙

> ※ NOTE ※ ① 유도기전력의 크기는 단위시간에 자기력선이 변화하는 비율에 비례한다.
> ③ 자기장 내의 전자에 유도되는 기전력의 방향을 결정한다.
> ④ 자기장의 방향을 오른나사의 회전방향으로 잡으면 전류의 방향이 나사의 진행방향이 된다.

3 정전용량이 같은 콘덴서 10개를 병렬로 접속했을 때의 합성 정전용량은 직렬접속 때의 몇 배가 되는가?

① 0.1배

② 1배

③ 10배

④ 100배

4 빛의 속도로 운동하고 있는 전자의 질량은 얼마인가?

① 전자의 정지질량보다 작다.　　　　② 전자의 정지질량과 같다.

③ ∞이다.　　　　　　　　　　　　④ 0이다.

　　✽ NOTE ✽ 전자의 정지질량을 m_0, 전자의 속도를 v, 빛의 속도를 c라고 하면

$$v = c\text{이므로 } m = \frac{m_0}{\sqrt{1 - \left(\dfrac{v}{c}\right)^2}} = \frac{m_0}{\sqrt{1 - 1^2}} = \frac{m_0}{0} = \infty \text{이다.}$$

5 자장 중에서 회전하고 있는 전자의 운동주기는?

① 전자의 질량에 반비례한다.　　　　② 자속밀도에 반비례한다.

③ 자속밀도의 제곱에 비례한다.　　　④ 자속밀도의 제곱에 반비례한다.

　　✽ NOTE ✽ 전자의 운동주기 $T = \dfrac{2\pi r}{v} = \dfrac{2\pi m}{eB}$ 이므로 자속밀도(B)에 반비례한다.

6 전계와 전속에 대한 설명이다. 옳지 않은 것은?

① 전계 중에 전위 전하를 놓았을 때 그것에 작용하는 힘을 전계의 세기라 한다.

② 전속밀도 $D = \dfrac{Q}{A}$ 이다(A : 면적).

③ 전속은 전계의 상태를 알기 위해 사용하는 가상의 선이다.

④ 전기력선 밀도와 같은 것은 전속이다.

　　✽ NOTE ✽ 전기력선의 밀도는 전계의 세기와 같다.

　　　　　전속밀도 $D = \dfrac{Q}{A} = \dfrac{Q}{4}\pi r^2 \,[\text{C/m}^2]$에 쿨롱의 법칙을 적용하면 전계의 세기 $E = \dfrac{Q}{4\pi\epsilon r^2}\,[\text{V/m}]$이므로

　　　　　이 관계식을 정리하고 유전율을 고려하면 $D = E$가 된다.

⬡ ANSWER – 1.② 2.② 3.④ 4.③ 5.② 6.④

7 자기장 내의 전자운동에 대한 설명 중 옳지 않은 것은?

① 자기장 방향과 수직이면 회전운동을 한다.

② 자기장 방향과 같으면 전자는 영향을 받는다.

③ 자기장 방향과 수직이 아니면 나선운동을 한다.

④ 자기장 중에 정지하고 있는 전자는 영향을 받지 않는다.

✳ **NOTE** ✳ 자기장 내 전자의 운동은 운동방향이 자기장 방향과 수직이면 원운동, 임의의 각을 이루면 나선운동, 같은 방향이면 자기장에 의한 영향을 받지 않는다.

8 쿨롱의 법칙에서 두 대전체가 가지고 있는 전하 상호 간의 정전력에 대한 설명으로 옳은 것은?

① 전하량의 곱에 비례한다. ② 전하량의 곱에 반비례한다.

③ 거리의 곱에 비례한다. ④ 거리의 곱에 반비례한다.

✳ **NOTE** ✳ 쿨롱(Coulomb)의 법칙 … 두 개의 대전체가 갖고 있는 전하 상호 간의 정전력은 전하량의 곱에 비례하고 거리의 제곱에 반비례한다.

$$F = k\frac{Q_1 Q_2}{r^2} [\text{N}]$$

9 100[V/m]의 전계의 세기에 Q[C]을 놓은 경우 0.1[N]의 정전력이 작용할 때 전하량은 얼마인가?

① 0.1[C] ② 0.01[C]

③ 0.001[C] ④ 0.0001[C]

✳ **NOTE** ✳ $F = QE$, $Q = \dfrac{F}{E} = \dfrac{0.1}{100} = 0.001 [\text{C}]$

10 평형 도체판 사이의 거리를 l, 절연물의 유전율을 ϵ, 면적을 A라 할 때 정전용량 C는?

① $C = \epsilon\dfrac{A}{l} [\text{F}]$ ② $C = \epsilon\dfrac{l}{A} [\text{F}]$

③ $C = \dfrac{A}{\epsilon}l [\text{F}]$ ④ $C = \dfrac{l}{\epsilon}A [\text{F}]$

✳ **NOTE** ✳ 평형 도체판 사이의 거리를 l[m], 절연물의 유전율을 ϵ[F/m], 면적을 A[m²]라 할 때 정전용량 $C = \epsilon\dfrac{A}{l}$[F]이다.

11 진공상태일 때 유전률 ϵ의 값은?

① $9 \times 10^{-9}[\text{F/m}]$

② $9 \times 10^{9}[\text{F/m}]$

③ $8.9 \times 10^{12}[\text{F/m}]$

④ $8.9 \times 10^{-12}[\text{F/m}]$

　※ **NOTE** ※ 진공상태일 때 유전율 $\epsilon = 8.9 \times 10^{-12}[\text{F/m}]$이다.

12 다음 그림과 같은 콘덴서의 접속에서 합성정전용량 C_0는 얼마인가?

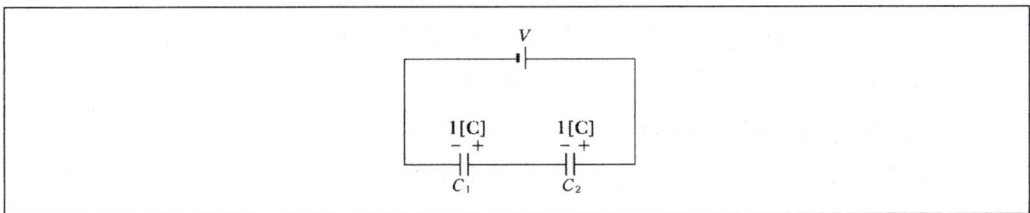

① $\dfrac{1}{4}[\text{F}]$

② $\dfrac{1}{2}[\text{F}]$

③ $2[\text{F}]$

④ $1[\text{F}]$

　※ **NOTE** ※ 직렬연결이므로 $C_0 = \dfrac{C_1 C_2}{C_1 + C_2} = \dfrac{1 \times 1}{1 + 1} = \dfrac{1}{2}[\text{F}]$

13 평형도체판에서 C_1과 C_2를 병렬로 연결했을 때의 설명으로 옳은 것은?

① C_1과 C_2에는 동일한 전기량이 축적된다.

② 정전용량이 같다면 합성정전용량은 직렬로 연결했을 때 4배가 된다.

③ 합성정전용량 $C_0 = C_1 + C_2$이다.

④ 전체전압 $V = \left(\dfrac{1}{C_1} + \dfrac{1}{C_2} \right) Q$이다.

　※ **NOTE** ※ ①④ 직렬 연결에 대한 설명이다.

　　　　　　 ② 직렬로 연결했을 때의 $\dfrac{1}{4}$ 배가 된다.

ANSWER − 7.① 8.① 9.③ 10.① 11.④ 12.② 13.③

14 정전용량 200[μF]의 콘덴서에 3,000[V]의 전압을 가하여 충전하면 축적에너지는?

① 300[J]

② 900[J]

③ 18,000[J]

④ 2,000[J]

※ NOTE ※ $W = \dfrac{1}{2}CV^2 = \dfrac{1}{2} \times 200 \times 10^{-6} \times 3,000^2 = 900[J]$

15 자기현상에 대한 설명으로 옳지 않은 것은?

① 전력에 의한 자기력선 방향은 오른나사 쪽으로 생긴다.

② 자계의 세기는 전류에 비례하고 거리에 반비례한다.

③ 자속은 공기 중에서 N극에서 S극으로 들어간다.

④ 자계의 강도를 선으로 나타낸 것을 자속이라 한다.

※ NOTE ※ ④ 자계의 강도를 선으로 나타낸 것은 자력선이고, 자극의 강도를 선으로 나타낸 것이 자속이다.

16 N개의 직선도체에 전류가 흐른다고 할 때 자계의 세기 H와 그 단위가 바르게 짝지어진 것은?

① $\dfrac{I}{2\pi r}$, [Wb]

② $\dfrac{I}{2\pi r}$, [AT/m]

③ $\dfrac{NI}{2\pi r}$, [Wb]

④ $\dfrac{NI}{2\pi r}$, [AT/m]

※ NOTE ※ 도선에 흐르는 전류는 I이고, 자계의 세기 H에 대해 한바퀴 돈 원주의 길이를 $2\pi r$이라고 하면 $H = \dfrac{NI}{2\pi r}$이고 단위는 [AT/m]이다.

17 무한히 긴 직선도체에 20[A]의 전류가 흐르고 있을 때 10[AT/m]의 자장의 세기가 되는 지점은 도체로부터 몇 m 지점인가?

① 0.1[m]

② 0.2[m]

③ 0.3[m]

④ 1.4[m]

※ NOTE ※ $H = \dfrac{NI}{2\pi r}$ [AT/m], $r = \dfrac{I}{2\pi H} = \dfrac{20}{2\pi \times 10} = 0.3[m]$

18 "원형도체 내의 힘의 방향은 일정한 방향으로 정리된다."는 것을 알 수 있는 법칙은?

① 렌쯔의 법칙　　　　　　　　　　　② 암페어의 오른나사 법칙

③ 패러데이의 법칙　　　　　　　　　④ 플래밍의 오른손 법칙

　　✳NOTE✳ 암페어의 오른나사 법칙 … 원형도체를 작게 분할하면 분할된 도체는 하나의 직선도체로 생각할 수
　　　　　　있으므로 여기에 암페어의 오른나사 법칙을 적용해 각각의 크기를 합성하면 코일의 자계는 일정
　　　　　　한 방향으로 정리된다.

19 다음 중 자기회로에 대한 설명으로 옳지 않은 것은?

① 자속이 이동하면서 형성하는 회로를 자기회로라고 한다.

② 전압 V에 대한 여러가지 상황을 고려한 것이 자기회로이다.

③ 전자석의 강도가 전류 I와 코일을 감은 수 N에 따라 변하는 현상을 정리한 것이다.

④ 철심 속의 자기강도는 자속에 의해 결정된다.

　　✳NOTE✳ 전기회로와 자기회로
　　　　　　㉠ 전기회로 : 전압 V에 대한 여러가지 상황을 정리한 것이다.
　　　　　　㉡ 자기회로 : 전류 I에 대한 여러가지 상황을 정리한 것이다.

20 간격이 1[m]인 평행도체판 사이의 전압이 100[V]일 때 전기장의 세기 E는?

① 25[V/m]　　　　　　　　　　　② 50[V/m]

③ 75[V/m]　　　　　　　　　　　④ 100[V/m]

　　✳NOTE✳ $E = \dfrac{V}{d} = \dfrac{100}{1} = 100[\text{V/m}]$

21 간격이 1[m]인 평행도체판 사이의 전압이 100[V]일 때 전기장 중에서 전자가 받는 힘은?

① $25e\,[\text{N}]$　　　　　　　　　　② $50e\,[\text{N}]$

③ $75e\,[\text{N}]$　　　　　　　　　　④ $100e\,[\text{N}]$

　　✳NOTE✳ $F = eE = 100e\,[\text{N}]$

ANSWER – 14.② 15.④ 16.④ 17.③ 18.② 19.② 20.④ 21.④

22 간격이 1[m]인 평행도체판 사이의 전압이 100[V]일 때 전자의 가속도는 얼마인가?

① $\dfrac{25e}{m_0}$ [m/s^2]

② $\dfrac{50e}{m_0}$ [m/s^2]

③ $\dfrac{75e}{m_0}$ [m/s^2]

④ $\dfrac{100e}{m_0}$ [m/s^2]

✳ NOTE ✳ $a = \dfrac{eE}{m_0} = \dfrac{100e}{m_0}$ [m/s^2]

23 L[H]의 코일에 1[A]의 전류가 흐를 때 코일에 저장되는 에너지[J]를 나타내는 식은?

① $\dfrac{1}{2L}I$

② $\dfrac{1}{2L}I^2$

③ $\dfrac{1}{2}LI$

④ $\dfrac{1}{2}LI^2$

✳ NOTE ✳ 저장에너지 $W = \dfrac{1}{2}LI^2$ [J]이다.

24 자속밀도 B, 자장의 세기 H, 투자율이 μ일 때 단위체적당 저장에너지는?

① $\dfrac{B}{2\mu}$

② $\dfrac{B^2}{2\mu}$

③ $\dfrac{B}{2\mu^2}$

④ $\dfrac{B^2}{2\mu^2}$

✳ NOTE ✳ 단위체적당 저장에너지 $W = \dfrac{1}{2}\mu H^2 = \dfrac{1}{2}BH = \dfrac{B^2}{2\mu}$ [J/m^2]이다.

25 무한장 직선의 도체에 62.8[A]의 전류가 흐를 때 도선에서 10[cm] 떨어진 점의 자장의 세기는 몇 [AT/ m]인가?

① 100　　② 200

③ 300　　④ 400

※ NOTE ※ $H = \frac{I}{2\pi r}$[AT/m]에서

$$H = \frac{62.8}{2 \times 3.14 \times 10 \times 10^{-2}} = 100[AT/m]$$

26 지름 5[cm]의 원형 코일에 1[A]의 전류가 흐를 때 코일 내의 자계의 세기는 얼마인가? (단, N=400[T])

① 2,000[AT/m]　　② 4,000[AT/m]

③ 6,000[AT/m]　　④ 8,000[AT/m]

※ NOTE ※ 원형코일에 대한 자기장의 세기

$$H = \frac{NI}{2r} = \frac{400 \times 1}{2 \times \frac{5}{2} \times 10^{-2}} = 8,000[AT/m]$$

ANSWER – 22.④ 23.④ 24.② 25.① 26.④

전자의 방출

02

1 에너지 준위의 관계로 옳은 것은?

① 기저 준위 < 페르미 준위 < 탈출 준위　　② 페르미 준위 < 기저 준위 < 탈출 준위

③ 탈출 준위 < 페르미 준위 < 기저 준위　　④ 페르미 준위 < 탈출 준위 < 기저 준위

> ✳**NOTE**✳ 에너지 준위
> ㉠ **기저 준위** : 기저상태(절대온도 0[°K])에서 가장 안쪽궤도(n=1)의 에너지 준위를 말한다.
> ㉡ **페르미 준위** : 최외각 궤도의 에너지 순위를 말하며, 그 값은 항상 0[eV]보다 작다.
> ㉢ **탈출 준위(이탈 준위)** : 기저 준위의 전자가 금속 밖으로 탈출하는 데 필요한 에너지에 상당하는 에너지 준위로 0[eV]의 값을 가진다.

2 금속에서 공간으로 전자가 튀어나올 수 없는 것은 전위장벽이 있기 때문이다. 이 전위장벽의 기준이 되는 것은?

① 페르미 준위　　　　　　　　　② 에너지 준위

③ 일함수　　　　　　　　　　　④ 일당량

> ✳**NOTE**✳ 일함수[eV] … 기저상태(절대온도 0[°K])에서 자유전자가 방출하는 데 필요한 최소한의 에너지를 말한다.

3 다음 중 전자 방출의 종류가 아닌 것은?

① 열전자 방출　　　　　　　　　② 전기장 방출

③ 자기장 방출　　　　　　　　　④ 광전자 방출

⑤ 2차 전자 방출

> ✳**NOTE**✳ 전자 방출의 종류
> ㉠ **열전자 방출** : 금속에 열에너지를 가하여 방출한다.
> ㉡ **전기장 방출(냉음극 방출)** : 금속에 강한 전기장을 가하여 방출한다.
> ㉢ **2차 전자 방출** : 금속에 가속된 전자를 충돌시켜 방출한다.
> ㉣ **광전자 방출** : 금속에 빛을 비추어 얻어지는 에너지로 방출한다.

4 탈출 준위의 에너지가 W_0[J]이고 페르미 준위가 W_f[J]일 때 일함수(Work Function)는?

① $\dfrac{W_0 - W_f}{e}$[eV]

② $\dfrac{W_0 + W_f}{e}$[eV]

③ $\dfrac{W_f - W_0}{e}$[eV]

④ $\dfrac{W_f + W_0}{e}$[eV]

> ❋NOTE❋ 일함수(ϕ)는 페르미 준위의 전자가 금속을 탈출하는 데 필요한 에너지이다.
> W_0와 W_f의 단위가 [J]이므로 e로 나누어 단위를 [eV]로 만들어 준다.

5 열전자를 방출하고 있는 금속에 전기장을 가하면 방출효과가 높아지는 현상은?

① 터널 효과

② 쇼트키 효과

③ 펠티어 효과

④ 홀 효과

> ❋NOTE❋ ① 금속표면에 전기장을 강하게 하면 전위장벽이 낮아짐과 동시에 장벽의 두께가 얇아져 전자가
> 장벽을 뚫고 나올 수 있는 현상을 말한다.
> ③ 종류가 다른 두 금속을 접속하여 폐회로를 만들어 전류를 흘리면 각 접점에서 열이 흡수되거
> 나 발생되는 현상이다.
> ④ 금속에 전류를 흘리고 전류와 직각인 방향으로 자기장을 가해주면 캐리어가 힘을 받아 한쪽으
> 로 쏠리는 현상이다.

6 금속에 열에너지를 가하여 전자 방출을 시도할 때 3,000[°C]에서 전자가 받는 열에너지는?

① 4.14×10^{-23}[J]

② 4.14×10^{-20}[J]

③ 4.52×10^{-20}[J]

④ 4.52×10^{-23}[J]

> ❋NOTE❋ $W = kT = 1.38 \times 10^{-23} \times (3,000 + 273) = 4.52 \times 10^{-20}$[J]
> (k : 볼쯔만 상수, T : 절대온도[°K])

7 1차 전자수가 2개, 2차 전자수가 4개일 때 2차 전자 방출비는?

① 1

② 2

③ 3

④ 4

> ❋NOTE❋ $\delta = \dfrac{n_s}{n_p} = \dfrac{4}{2} = 2$ (n_p : 1차 전자수, n_s : 2차 전자수)

⬡ ANSWER – 1.① 2.③ 3.③ 4.① 5.② 6.③ 7.②

8 1차 전자의 질량이 m 이고 v 의 속도를 가지고 있을 때 2차 전자 방출조건으로 옳은 것은?

① $\dfrac{1}{2}mv^2 < e\phi[\mathrm{J}]$ 　　　　　　② $\dfrac{1}{2}mv^2 > e\phi[\mathrm{J}]$

③ $mv^2 > e\phi[\mathrm{J}]$ 　　　　　　④ $mv^2 < e\phi[\mathrm{J}]$

✽ **NOTE** ✽ 2차 전자 방출조건 … 1차 전자의 운동에너지가 일함수보다 커야 한다.

9 광전자 방출에 대한 설명으로 옳지 않은 것은?

① 광양자의 에너지가 일함수보다 커야 광전자가 방출할 수 있다.
② 광전자의 운동에너지는 방출하는 순간의 모든 에너지이다.
③ 광전자의 방출량은 빛의 강도와 총량에 비례한다.
④ 광전자의 속도는 빛의 파장과 관계가 깊다.
⑤ 광전자 방출은 시간 지연이 거의 없다.

✽ **NOTE** ✽ 광전자의 운동에너지 … 광양자의 에너지가 일함수로 흡수되고 난 다음의 나머지 에너지이므로 $\dfrac{1}{2}mv^2 = hf - e\phi[\mathrm{J}]$이다.

10 광전자 방출조건은 다음 중 어느 것인가?

① $hf \neq e\phi[\mathrm{J}]$ 　　　　　　② $hf = e\phi[\mathrm{J}]$

③ $hf < e\phi[\mathrm{J}]$ 　　　　　　④ $hf > e[\mathrm{J}]$

✽ **NOTE** ✽ 광전자 방출조건 … 광양자가 가지는 에너지는 일함수보다 커야 한다.

11 1,000[Å]의 광양자 1개가 가지는 한계파장은?

① 3×10^{18}[Hz]

② 3×10^{15}[Hz]

③ 3.12×10^{18}[Hz]

④ 3.12×10^{15}[Hz]

✱ NOTE ✱ $f = \dfrac{c}{\lambda} = \dfrac{3 \times 10^8}{1,000 \times 10^{-10}} = 3 \times 10^{15}$[Hz]

12 한계파장이 6×10^{14}[Hz]인 광양자 1개가 가지는 일에너지는?

① 18×10^{-32}[J]

② 18×10^{-6}[J]

③ 3.976×10^{-19}[J]

④ 39.76×10^{-19}[J]

✱ NOTE ✱ $W = hf = 6.626 \times 10^{-34} \times 6 \times 10^{14} = 3.976 \times 10^{-19}$[J]

PART

반도체 이론

01. 반도체
02. 반도체 소자

01 반도체

1 다음 중 반도체나 고체에 전기를 인가할 경우, 전계방향과 동일하게 했을 때 N형인지 P형인지 확인할 수 있는 방법으로 옳은 것은?

① 광도전효과 ② 홀효과
③ 루미네선스 ④ 제어벡효과

> ※ **NOTE** ※ 홀효과(Hall effect)
> ㉠ 개념 : 반도체에 흘린 전류와 직각방향으로 자속밀도 B인 자장을 가하면 플레밍의 왼손법칙에 의해서 기전력이 그 양면의 직각 방향으로 발생하는 현상을 말한다.
> ㉡ 이용 : N형 반도체, P형 반도체를 구별할 수 있다.

2 N형 반도체에 대한 설명으로 옳지 않은 것은?

① 반송자의 대부분이 정공이다.
② 과잉 전자를 만드는 불순물을 도너(Donor)라 한다.
③ 불순물로는 비소(As)나 안티몬(Sb) 등이 사용된다.
④ 4가의 진성 반도체에 5가의 불순물을 미량 혼합하여 만든다.

> ※ **NOTE** ※ N형 반도체는 자유전자를 증가시키기 위해 진성반도체에 불순물을 첨가한 것으로 반송자(캐리어)는 전자이다.
> ① P형 반도체에 대한 설명이다.

3 원자에 대한 설명으로 옳지 않은 것은?

① 양의 전하를 가진 원자핵과 음의 전하를 가진 전자들로 구성된다.
② 전자의 수가 곧 원자의 원자번호이고 이는 양자수와도 같다.
③ 원자는 항상 중성이다.
④ 양자와 중성자의 질량은 거의 같다.
⑤ 원자핵에서 가장 먼 궤도의 전자를 가전자라 한다.

> ※ **NOTE** ※ ③ 원자는 전기적으로 중성이나 외부의 에너지에 의해 양 또는 음의 성질을 갖기도 한다.

4 홀 효과(Hall Effect)에 대한 설명으로 옳은 것은?

① 반도체 결정에 대한 압전 효과의 일종이다.

② 광도전 소자를 이용한다.

③ 전류와 자기장으로 기전력을 발생시키는 현상이다.

④ 빛과 자기장으로 기전력을 발생시키는 현상이다.

> ❋**NOTE**❋ 홀 효과(Hall Effect) ··· 자계 내에서 도체 또는 반도체에 전류를 흘리고 자계와 직각방향으로 놓으면 플레밍의 왼손 법칙에 의해 캐리어가 힘을 받아 한쪽으로 쏠리는 현상이다. 이때 P형과 N형의 극성이 반대가 된다. 따라서 전류와 자기장으로 기전력을 발생시킨다.
> ※ 압전 효과와 광전 효과
>   ㉠ 압전 효과 : 일정한 방향에서 압력을 가하여 전류를 발생시킨다.
>   ㉡ 광전 효과 : 광도전 소자를 이용하여 도체 또는 반도체에 빛을 쬐면 도전성이 좋아지는 현상이다.

5 원자번호가 14인 Si(실리콘)원자의 가전자는 몇 개인가?

① 2

② 4

③ 8

④ 16

> ❋**NOTE**❋ 파울리의 배타원리에 따라 각 궤도에 있는 전자의 정원수는 $2n^2$이고 안쪽 궤도부터 차례로 2, 8이므로 가전자는 4개이다.

6 전자의 질량과 전하량으로 바르게 짝지어진 것은?

① 9.109534×10^{-31}[kg], 1.602189×10^{-19}[C]

② 1.6721×10^{-27}[kg], 1.602189×10^{-19}[C]

③ 9.109534×10^{-31}[kg], 1.759×10^{11}[C]

④ 1.6721×10^{-27}[kg], 1.759×10^{11}[C]

> ❋**NOTE**❋ 전자의 전하량은 한 개의 전자가 갖는 전하의 최소단위로 (−)전하값을 갖는다.
> ※ 1.6721×10^{-27}[kg]는 수소원자의 핵 질량이다.

ANSWER - 1.② 2.① 3.③ 4.③ 5.② 6.①

7 원자번호가 55인 Cs(세슘)의 중성자수는 78이다. 질량수는 얼마인가?

① 55
② 78
③ 133
④ 155

✻**NOTE**✻ 원자번호가 Z, 원소의 질량수가 A, 중성자수가 N일때 $N=A-Z$이므로,
질량수 $A=N+Z=78+55=133$

8 원자번호가 32인 Ge(게르마늄)의 전자수는 몇 개인가?

① 10
② 32
③ 44
④ 86

✻**NOTE**✻ 전자의 수는 원자번호와 같다.

9 다음 중 반도체의 특징이 아닌 것은?

① 온도가 상승하면 저항값이 떨어진다.
② 불순물을 첨가하면 저항값이 증가한다.
③ 절대온도에서 절연체의 특성을 나타낸다.
④ 열, 빛 등 외부현상에 전기저항이 변한다.
⑤ 부(−) 온도계수를 가지며 홀(Hall) 효과와 정류작용을 한다.

✻**NOTE**✻ ② 불순물을 첨가하면 저항값이 감소하여 전류의 흐름이 많아진다.

10 다음 중 고체 내에서 전자의 운동이 자유로운 에너지대는?

① 전도대
② 가전자대
③ 금지대
④ 충만대

✻**NOTE**✻ 전도대(Conduction Band) … 전자가 원자 사이를 이동할 수 있는 허용대를 말한다.

11 보통 때는 공핍대에 전자가 없다가 적은 에너지로도 공핍대에 올라갈 수 있는 것은?

① 도체
② 반도체
③ 부도체
④ 절연체

❋ **NOTE** ❋ ① 충만대와 공핍대가 접해 있다.
③④ 금지대 폭이 매우 커 전기가 흐르기 힘들다.

12 반도체의 결정구조를 이루고 있는 결합방법으로 옳은 것은?

① 공유결합　　　　　　　　　　② 이온결합

③ 금속결합　　　　　　　　　　④ Van der Waals 결합

　❋ **NOTE** ❋ 각 원자는 인접한 4개의 원자와 더불어 8개의 공유결합으로 안정한 상태를 이루고 있다.

13 에너지대에 대한 설명으로 옳지 않은 것은?

① 전자가 들어갈 수 없는 에너지대를 금지대라 한다.

② 전자가 들어갈 수 있는 에너지대를 허용대라 한다.

③ 전자가 원자 사이를 이동할 수 있는 허용대를 전도대라 한다.

④ 전자가 이동할 수 없는 허용대를 공핍대라 한다.

⑤ 전자가 꽉 차 있는 허용대를 충만대라 한다.

　❋ **NOTE** ❋ ④ 전자가 꽉 차 있어 이동할 수 없는 허용대를 충만대라 하고, 보통의 상태에서는 전자가 존재
　　　　하지 않는 허용대를 공핍대라 한다. 그러나 공핍대도 에너지를 가해주면 전자가 들어갈 수 있다.

14 저항에 대한 설명으로 옳은 것은?

① 금속은 온도가 상승하면 저항값이 감소한다.

② 반도체는 온도가 상승하면 저항값이 증가한다.

③ 저항률은 단위 면적에서 단위 길이에 대한 저항을 말한다.

④ 저항률이 $0.01[\Omega \cdot cm]$ 이하일 때 도체라고 한다.

　❋ **NOTE** ❋ ①② 금속은 온도가 상승하면 원자의 충돌수가 많아져 저항값이 증가하고, 반면 반도체는 온도가
　　　　상승하면 자유전자의 수가 많아져 저항값이 감소한다.
　　　　④ 도체는 저항률이 $1[\Omega \cdot cm]$ 이하, 반도체는 $0.01 \sim 10^{10}[\Omega \cdot cm]$ 사이이고, 부도체는 $10^9[\Omega \cdot cm]$
　　　　이상인 것을 말한다.

❀ ANSWER - 7.③ 8.② 9.② 10.① 11.② 12.① 13.④ 14.③

15 다음 중 전자가 존재하는 에너지대인 허용대가 아닌 것은?

① 충만대
② 공핍대
③ 전도대
④ 금지대

> ❈ NOTE ❈ 에너지대(Energy Band)
>   ㉠ 금지대(Forbidden Band), 에너지 갭(Energy Gap) : 전자가 들어갈 수 없는 에너지대
>   ㉡ 허용대(Allowable Band) : 전자가 들어갈 수 있는 에너지대
>   • 충만대(Filled Band), 가전자대(Valence Band) : 전자가 꽉 차 있으며 전자가 이동할 수 없는 허용대
>   • 전도대(Conduction Band) : 전자가 원자 사이를 이동할 수 있는 허용대
>   • 공핍대(Empty Band) : 전자에 에너지를 가해주면 들어갈 수 있으나 보통의 상태에서는 전자가 존재하지 않는 허용대

16 진성 반도체에서 온도를 높여주면 페르미 준위는 어떻게 되는가?

① 올라간다.
② 변함없다.
③ 내려간다.
④ 불규칙하게 움직인다.

> ❈ NOTE ❈ 불순물이 포함되지 않는 제4족 게르마늄, 실리콘을 진성 반도체라 하며 페르미 준위는 온도에 변화없이 금지대의 중앙에 위치한다.

17 N형 반도체를 만들기 위해 진성 반도체에 첨가하는 도너 불순물로 사용되는 5가 원소가 아닌 것은?

① N
② P
③ As
④ Sb
⑤ B

> ❈ NOTE ❈ 인위적으로 자유전자를 만들기 위해 주입하는 불순물인 원자를 도너(Donor)라 하며 N(질소), P(인), As(비소), Sb(안티몬), Bi(비스무트) 등 5가 원소를 사용한다.

18 다음 중 불순물이 섞이지 않은 반도체는?

① 불순물 반도체
② 진성 반도체
③ P형 반도체
④ N형 반도체

> ❈ NOTE ❈ 진성 반도체 … 순도 99.9% 정도로 불순물이 섞이지 않은 반도체를 말한다.
>   ③④ 전도성을 좋게 하기 위해 진성 반도체에 불순물을 첨가한 불순물 반도체이다.

19 드리프트 전류에 대한 설명으로 옳은 것은?

① 전기장에 의해 캐리어가 확산하며 발생하는 전류이다.

② 전기장에 의해 캐리어가 표류하며 발생하는 전류이다.

③ 밀도의 균형을 맞추기 위해 캐리어가 확산하며 발생하는 전류이다.

④ 밀도의 균형을 맞추기 위해 캐리어가 표류하며 발생하는 전류이다.

❋NOTE❋ 드리프트 전류와 확산 전류
㉠ 드리프트 전류 : 반도체 양단에 직류전압을 가하는 경우 홀은 음극으로, 전자는 양극으로 표류하며 형성되는 전류이다.
㉡ 확산 전류 : 반도체 내 캐리어의 밀도가 장소에 따라 달라지는 경우 밀도의 균형을 맞추기 위해 캐리어가 확산하여 이동하며 형성되는 전류이다.

20 억셉터가 정상온도에서 가지는 성질로 옳은 것은?

① 중성이다.   ② 정전하로 된다.

③ 부전하로 된다.   ④ 부전하에서 중성으로 된다.

❋NOTE❋ P형 반도체의 억셉터는 이웃의 4가 원자로부터 전자를 얻으므로 (−)로 이온화된다.

21 P형 반도체에 대한 설명으로 옳은 것은?

① 진성 반도체에 자유전자를 증가시키기 위해 불순물을 첨가한 것이다.

② 다수 캐리어는 홀이고 소수 캐리어는 전자이다.

③ 5가의 원소로 가전자를 만든다.

④ 도너 준위는 전도대보다 조금 낮은 곳에 위치한다.

❋NOTE❋ ①③④ N형 반도체에 대한 설명이다.
※ P형 반도체
㉠ 진성 반도체에 홀을 증가시키기 위해 불순물을 첨가한 것이다.
㉡ 3가의 원자를 혼합해 인공적으로 홀을 만든다.
㉢ 억셉터 준위는 충만대보다 조금 높은 곳에 위치한다.

ANSWER – 15.④ 16.② 17.⑤ 18.② 19.② 20.③ 21.②

22 P형 반도체를 만들기 위해 진성 반도체에 첨가하는 억셉터 불순물로 사용되는 3가 원소가 아닌 것은?

① Al
② Ga
③ In
④ Sb
⑤ B

> ❋ **NOTE** ❋ 억셉터 ⋯ 인위적으로 홀을 만들기 위해 주입하는 불순물인 원자를 억셉터(Acceptor)라 하며 Al (알루미늄), Ga(갈륨), In(인듐), Tl(탈륨), B(붕소) 등 3가 원소를 사용한다.

23 다음 중 반도체에 전압을 가하여 발생되는 전계에 의해 흐르는 전류는?

① 열 전류
② 확산 전류
③ 드리프트 전류
④ 이온 전류

> ❋ **NOTE** ❋ ③ 반도체 양단에 직류전압을 가하면 반도체 내부에 전장이 작용하고 이에 의하여 캐리어가 가속을 받을 때의 전류이다.
> ※ 확산 전류 ⋯ 반도체 내 캐리어의 밀도가 어느 한쪽으로 몰려있어 밀도의 균형을 맞추기 위해 캐리어가 확산하여 이동하며 발생하는 전류이다.

24 황화카드뮴(CdS)은 입사된 빛의 양의 변화를 전류의 변화로 바꾸는 데 쓰이는 소자이다. 어떤 효과를 이용한 것인가?

① 열전 효과
② 광전 효과
③ 홀 효과
④ 펠티에 효과

> ❋ **NOTE** ❋ 광전 효과 ⋯ 반도체에 빛을 쬐면 도전성이 좋아지는 현상으로 태양전지가 그 대표적인 예이다.

25 다음 중 2종의 반도체를 둥근 모양으로 접속하고 접속한 두 점 사이에 온도차를 주면 기전력이 발생하여 전류가 흐르는 현상은?

① 홀 효과
② 광도전 효과
③ 펠티어 효과
④ 제어벡 효과

> ❋ **NOTE** ❋ ① 자계 내에서 반도체에 전류를 흘리며 자계와 직각방향으로 놓으면 플레밍의 왼손법칙에 의해 캐리어가 힘을 받아 한쪽으로 쏠리는 현상이다.
> ② 반도체 내에 빛을 쬐면 캐리어의 수가 증가해 도전성이 좋아지는 현상이다.
> ③ 종류가 다른 반도체를 접속하여 폐회로를 만들어 전류를 흘리면 각 접점에서 열이 흡수 또는 발생하는 현상이다.

26 다음 중 열전 효과가 아닌 것은?

① 제어벡 효과

② 펠티어 효과

③ 톰슨 효과

④ 광도전 효과

　❋NOTE❋ 광도전 효과 … 반도체의 광전 효과로 반도체에 빛을 쪼이면 캐리어의 수가 증가하여 도전성이 높아지는 현상이다.

27 광전자 방출현상의 특징으로 옳은 것은?

① 광전자 방출량은 빛의 강도에 반비례한다.

② 광전자 방출량은 빛의 총량에 비례한다.

③ 빛이 파장이 길어지면 방출에너지는 크다.

④ 빛의 양이 많아지면 방출에너지는 작아진다.

⑤ 시간 지연이 거의 없다.

　❋NOTE❋ 광전자 방출량은 빛의 강도와 총량에 비례하므로 파장이 짧고 빛의 양이 많으면 방출에너지도 커진다.

28 다음 중 도체의 저항률로 가장 타당한 것은?

① $1[\Omega \cdot cm]$

② $2[\Omega \cdot cm]$

③ $3[\Omega \cdot cm]$

④ $4[\Omega \cdot cm]$

⑤ $5[\Omega \cdot cm]$

　❋NOTE❋ 저항률
　　ⓐ 도체 : $1[\Omega \cdot cm]$ 이하
　　ⓑ 반도체 : $0.01[\Omega \cdot cm] \sim 10^{10}[\Omega \cdot cm]$
　　ⓒ 부도체 : $10^9[\Omega \cdot cm]$ 이상

29 반도체의 효과에 대한 연결이 바르게 짝지어진 것은?

① 열전대 – Peltier 효과

② 전자냉각 – 광전 효과

③ 홀 발진기 – 자기 효과

④ 광전도 셀 – Seebeck 효과

　❋NOTE❋ ① 열전대 – Seebeck 효과　② 전자냉각 – Peltier 효과　④ 광전도 셀 – 외부 광전효과

ANSWER – 22.④ 23.③ 24.② 25.④ 26.④ 27.② 28.① 29.③

02 반도체 소자

1 여러 종류의 다이오드(diode)에 대한 설명 중 옳지 않은 것은?

① 용량성 다이오드 혹은 바렉터(varactor) – 순방향 전압에 의해 다이오드의 정전용량이 가변되는 특성을 사용한다.
② 제너 다이오드(zener diode) – 역방향 항복전압이 전압 조정에 사용되며, 전원회로에서 널리 쓰인다.
③ 터널 다이오드(tunnel diode) – 부(negative) 저항 특성을 가지며, 고속논리회로에서 사용된다.
④ 발광 다이오드(LED) – PN접합 다이오드로서 순방향으로 동작할 때 특정한 파장의 빛을 방출한다.

❋**NOTE**❋ ① 바렉터는 역바이어스를 PN접합에 걸었을 때 전압의 변화에 따라서 접합용량이 변하는 성질을 이용한다.

2 발광다이오드(LED)에 대한 설명으로 옳지 않은 것으로만 묶인 것은?

> ㉠ 발광다이오드는 금속–반도체 접합으로써, 금속으로는 몰리브텐, 백금 등이 사용되고 반도체로는 실리콘, 갈륨비소 등이 사용된다.
> ㉡ 발광다이오드도 pn 접합 소자의 일종으로 역방향으로 바이어스 될 때 실리콘 반도체 내 접합 부근에서 정공과 전자가 재결합하여 빛 에너지가 발산하게 된다.
> ㉢ 발광다이오드는 빛을 전기적신호로 변환하는 포토다이오드와 반대되는 기능을 한다.
> ㉣ 발광되는 빛은 정공과 전자의 재결합 양에 따라서 비례하고 재결합되는 양은 다이오드의 순방향 전류에 비례한다.

① ㉠㉡
② ㉡㉢
③ ㉢㉣
④ ㉠㉢

❋**NOTE**❋ 발광다이오드(LED)는 p형 반도체–n형 반도체의 접합이다.
발광다이오드(LED)도 pn접합 소자의 일종으로 순방향으로 바이어스 될 때 에너지가 발산하여 빛으로 나타나며, 역방향으로 바이어스되면 전기 저항이 매우 커져서 전류가 거의 흐르지 않아 차단(OFF) 상태가 된다.

3 첫째 단의 잡음지수 F_1=10, 이득 G_1=20이며, 다음 단의 잡음지수 F_2=21, 이득 G_2=50일 때, 2단 증폭기의 종합 잡음지수는?

① 10

② 11

③ 21

④ 110

    ※ NOTE ※ 종합 잡음지수 $F = F_1 + \dfrac{F_2-1}{G_1} + \dfrac{F_3-1}{G_1\,G_2} + \ldots$

$$= 10 + \frac{21-1}{20} = 10 + 1 = 11$$

4 중계용 증폭기에서 입력전압의 S/N비가 40, 출력전압의 S/N비가 8이었다면 이 증폭기의 잡음지수는?

① 5[dB]

② −50[dB]

③ 10[dB]

④ −100[dB]

    ※ NOTE ※ 잡음지수(F) … 증폭회로의 잡음 특성의 양부를 판정하는 기준으로 쓰이며 다음과 같이 구한다.

$$F = \frac{\text{입력에서의 신호전압과 잡음전압의 비}}{\text{출력에서의 신호전압과 잡음전압의 비}}$$

$$F = \frac{40}{8} = 5[dB]$$

5 다음 그림과 같은 전자 부품의 명칭은?

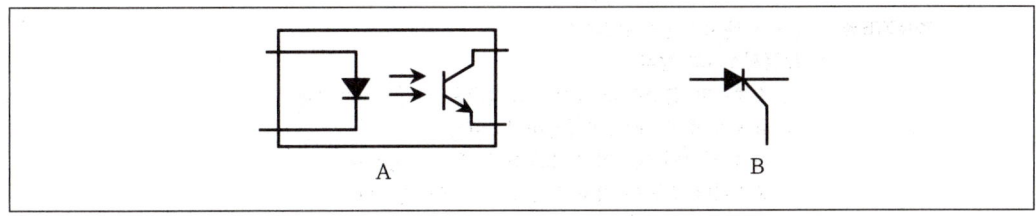

	A	B		A	B
①	포토트랜지스터	사이리스터	②	포토트랜지스터	트라이악
③	포토커플러	사이리스터	④	포토다이오드	트라이악

    ※ NOTE ※ 포토커플러는 발광 소자와 수광 소자를 함께 조합한 광결합 소자이며, 사이리스터는 전력제어용 반도체 소자를 총칭하는 것으로 pn접합 다이오드가 기본 소자이다.

ANSWER – 1.① 2.① 3.② 4.① 5.③

6 다음 중 제너 다이오드를 사용하는 회로는?

① 검파회로

② 고압 정류회로

③ 고주파 발진회로

④ 전압 안정회로

✻ NOTE ✻ 제너 다이오드 … 반도체 다이오드에 불순물을 많이 첨가하여 역방향으로 전류를 흘릴 때 일정한 전압값을 유지시키는 성질이 있으므로 정전압회로에 사용한다.

7 다음 중 SCR에 대한 설명으로 옳지 않은 것은?

① 실리콘의 결정 속에 진성 반도체를 주입한 것이다.

② PNP의 2단 중복결합으로 되어 있다.

③ 대전류 제어 정류용으로 사용된다.

④ Gate 전류의 주파수로 정류전류를 제어한다.

✻ NOTE ✻ ③ SCR은 위상제어, 인버터 초퍼, 릴레이 베어회로, 조명 조광장치, 펄스회로 등으로 사용된다.

8 트랜지스터의 장점으로 옳은 것은?

① 고온에 약하고, 이득이 적다.

② 역내 전압이 낮고 주파수 특성이 나쁘다.

③ 입력 임피던스가 낮다.

④ 음극 전원의 예열이 불필요하고 즉시 가동된다.

✻ NOTE ✻ ①②③ 트랜지스터의 단점이다.

　　※ 트랜지스터의 장점

　　　㉠ 소형이며 경량이라 기기를 소형으로 제작할 수 있다.

　　　㉡ 효율이 좋고 내부 전압강하가 적다.

　　　㉢ 음극 전원의 예열이 불필요하고 즉시 가동된다.

　　　㉣ 충격이나 진동에 강하고 수명이 반영구적이다.

9 PN접합 다이오드에 관한 설명으로 옳지 않은 것은?

① 순방향 전압을 가할 때 P형에서 N형으로 전류가 흐른다.

② 순방향 전압을 가할 때 소수 반송자는 감소한다.

③ 열평형 상태에서 PN접합부에 전위의 기울기가 생긴다.

④ 외부전압을 가하지 않았을 때 P형과 N형의 페르미 준위는 같다.

✻NOTE✻ 다이오드는 열에 강한 특성을 가지고 있어 열에 의해 특성은 바뀌지 않는다.

10 다음 중 교류를 직류로 변환할 때 사용하는 다이오드는?

① 스위칭 다이오드   ② 정류 다이오드

③ 정전압 다이오드   ④ 발광 다이오드

     ✻NOTE✻ ① on/off 특성을 이용해 스위치에 응용한 것이다.
                    ③ 전압 안정화에 응용한 것이다.
                    ④ Display에 응용한 것이다.

11 트랜지스터의 구성에 대한 설명으로 옳지 않은 것은?

① 트랜지스터는 에미터(Emitter), 베이스(Base), 컬렉터(Collector)로 구성되어 있다.

② 전류의 반송자를 주입하는 부분을 에미터(E)라 한다.

③ 주입된 반송자를 제어하는 부분은 베이스(B)이다.

④ 전류의 반송자를 모으는 부분은 콜렉터(C)이다.

⑤ PNP형의 베이스는 P형 반도체이다.

     ✻NOTE✻ N형 반도체를 사이에 두고 양쪽에 P형 반도체를 접합한 것을 PNP
                형이라 하고, 베이스는 N형이 된다.

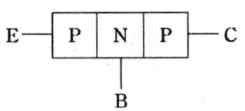

12 PNP형의 베이스 접지회로의 전류 증폭률(α)은?

① $\alpha = \dfrac{\Delta I_C}{\Delta I_B}$ ② $\alpha = \dfrac{\Delta I_E}{\Delta I_C}$

③ $\alpha = \dfrac{\Delta I_B}{\Delta I_C}$ ④ $\alpha = \dfrac{\Delta I_C}{\Delta I_E}$

     ✻NOTE✻ V_{CB}가 일정할 때 베이스 접지회로의 전류 증폭률 $\alpha = \dfrac{\Delta I_C}{\Delta I_E}$ 이다.

13 트랜지스터의 각 동작상태에 대한 접합면의 바이어스 전압의 설명으로 옳지 않은 것은?

① 포화영역 – EB간 순방향, CB간 순방향 전압
② 활성영역 – EB간 역방향, CB간 순방향 전압
③ 차단영역 – EB간 역방향, CB간 역방향 전압
④ 역활성영역 – EB간 역방향, CB간 순방향 전압

✳ NOTE ✳ 트랜지스터의 동작상태는 포화상태, 활성상태, 역활성상태, 차단(역포화)상태로 구분되는데 활성
영역은 EB간 순방향, CB간 역방향이다.

14 다음 중 정전압 회로용으로 사용되는 소자는?

① 제너 다이오드　　　　　　　② 포토 다이오드
③ 터널 다이오드　　　　　　　④ 더미스터

✳ NOTE ✳ ① 전압 안정회로, 정전압 전원회로에 사용한다.
② 광검출 특성을 응용하여 광 센서로 사용한다.
③ 음저항 특성을 마이크로파 발진에 응용한 것이다.
④ 저항의 온도변화 보상회로, 전력계 및 자동제어에 사용한다.

15 전계효과 트랜지스터(FET)의 특징이 아닌 것은?

① 단극성 소자이다.
② $10^{10}[\Omega]$ 이상의 높은 입력저항을 가진다.
③ 쌍극성 트랜지스터에 비해 잡음이 크다.
④ 쌍극성 트랜지스터에 비해 집적도가 높다.

✳ NOTE ✳ FET는 접합 트랜지스터의 결점인 입력 임피던스가 낮은 것과 증폭 가능한 주파수 한계가 낮은
것을 보완하기 위해 개발된 것으로 쌍극성 트랜지스터보다 잡음이 작다.

16 다음 중 부성저항의 특성을 갖는 다이오드는?

① 발광 다이오드　　　　　　　② 터널 다이오드
③ 제너 다이오드　　　　　　　④ 쇼트키 다이오드

✳ NOTE ✳ ① 전류를 순방향으로 흘렸을 때 발광하며, Display 장치로 사용한다.
③ 정전압 안정회로에 사용한다.
④ 금속과 반도체의 접속특성을 응용한 것으로 마이크로파 수신혼합기, 고속논리용 다이오드에
사용한다.

17 다음 중 제너 다이오드의 용도로 옳은 것은?

① 검파회로 　　　　　　　　　　② 변조회로

③ 발진회로 　　　　　　　　　　④ 정전압회로

　　❈ **NOTE** ❈ 제너 다이오드 … 전자사태와 항복현상을 이용하여 정전압 안정회로에 이용된다.

18 항복과 파괴에 대한 설명으로 옳지 않은 것은?

① 항복은 전자사태에 의해 일어난다.

② 항복은 항복전압을 넘어서 전류가 흐른 후에는 원래의 특성으로 복귀한다.

③ 항복전압은 불순물의 농도가 강할수록, 온도가 높을수록 낮아진다.

④ 파괴는 대전류가 흐른 뒤 원래의 특성으로 복귀한다.

⑤ 항복과 파괴는 역방향전류가 갑자기 증가되어 발생한다.

　　❈ **NOTE** ❈ 항복과 파괴 … PN접합면에서 역전압을 증가시켜 일정전압 이상이 되면 전자사태에 의해 소수 캐
　　　　　　리어가 증가하고 역전류가 급격히 증가하는 항복현상이 일어난다. 이때의 임계전압을 항복전압이
　　　　　　라 하고 항복전압은 불순물의 농도가 강할수록, 온도가 높을수록 낮아진다. 이 전압보다 떨어지
　　　　　　면 항복은 본래의 다이오드 특성으로 복귀하나 파괴는 복귀하지 않는다.

19 트랜지스터의 특성으로 옳지 않은 것은?

① 저전압, 소전력으로 동작한다. 　　　　② 소형이며 경량이다.

③ 수명이 길어 반영구적이다. 　　　　　④ 온도특성이 좋고 초고온에서도 잘 견딘다.

　　❈ **NOTE** ❈ 트랜지스터의 특징
　　　　　㉠ 장점
　　　　　　• 소형이며 경량이라 기기를 소형으로 제작할 수 있다.
　　　　　　• 효율이 좋고 내부 전압강하가 적다.
　　　　　　• 음극 전원의 예열이 불필요하고 즉시 가동된다.
　　　　　　• 충격이나 진동에 강하고 수명이 반영구적이다.
　　　　　㉡ 단점
　　　　　　• 이득이 적고 고온과 전체적 과부하에 약하다.
　　　　　　• 입력 임피던스가 낮다.
　　　　　　• 주파수 특정이 좋지 않고 역내전압이 낮다.

ANSWER – 13.② 14.① 15.③ 16.② 17.④ 18.④ 19.④

20 PN접합 반도체에 역방향 바이어스를 가하는 경우 출력에 걸리는 전류는?

① 다수의 순방향 포화전류 ② 다수의 역방향 포화전류

③ 소수의 순방향 포화전류 ④ 소수의 역방향 포화전류

✽ NOTE ✽ PN접합 다이오드에 역방향 바이어스를 걸면 양쪽의 소수 캐리어는 오히려 순방향 바이어스로 작용하므로 적은 양의 역방향 포화전류가 형성된다.

21 PN접합 다이오드의 접합부 정전용량과 역방향 바이어스 전압의 관계로 옳은 것은?

① 비례한다. ② 반비례한다.

③ 제곱근에 비례한다. ④ 제곱근에 반비례한다.

✽ NOTE ✽ 접합부 정전용량은 역전압의 제곱근에 반비례한다.

$$C \propto \frac{K}{\sqrt{V}}$$

22 서미스터(Thermister)에 대한 설명으로 옳지 않은 것은?

① 반도체의 일종이다.

② 온도가 상승하면 (+)의 온도계수를 가진다.

③ 바이어스 안정회로에 쓰인다.

④ 온도계수는 온도의 제곱에 반비례하는 값으로 감소한다.

✽ NOTE ✽ 온도가 상승하면 저항이 감소되는 (−)의 온도계수를 가진다.

23 다음 중 서미스터(Thermister)를 사용할 수 없는 것은?

① 화재 탐지 ② 온도검출 및 조절

③ 유량계 ④ 계전기

⑤ 발진기

✽ NOTE ✽ 온도가 상승하면 저항이 감소되는 (−)의 온도계수를 가지므로 온도와 관련된 곳에 사용한다.

24 PNP 트랜지스터에서 베이스에서 트랜지스터 내부를 통하여 에미터로 흐르는 전류 운반체는?

① 정공 ② 전자
③ 도너 ④ 억셉터

✳**NOTE**✳ 트랜지스터 내부에서 전류는 다수 운반체가 정공을 통해 에미터에서 베이스로 흐르므로 베이스에서 에미터로 흐르는 것은 전자이다.

25 전자사태에 대한 설명으로 옳은 것은?

① PN접합부의 천이영역이 좁아서 전계강도가 커지면 공백이 생겨 다른 쪽 영역으로 전자가 이동하는 현상이다.
② 고전압으로 인한 충돌로 인해 전자와 정공을 계속 만들어 내어 전류가 급격히 증가하는 현상이다.
③ 반도체에 강한 전계가 가해지면 결정원자에 속박되어 있는 가전자가 전계의 작용으로 속박을 벗어나 뛰어나와 이동하는 현상이다.
④ 화합물 반도체에 가하는 직류고압을 점점 높여가면 급격히 직류전류가 감소하여 전류진동이 일어나는 현상이다.

✳**NOTE**✳ ① 터널 효과 ③ 제너 현상 ④ 건 효과

26 PNP 트랜지스터의 설명으로 옳은 것은?

① 컬렉터는 베이스 전극에 비해 높은 전위를 가한다.
② 에미터와 베이스 사이에는 순방향의 전압을 가한다.
③ 다수 반송자는 전자이다.
④ 베이스 전극은 P형 반도체이다.

✳**NOTE**✳ PNP, NPN 모두 에미터와 베이스 사이에는 순방향 전압을 가한다.

27 다음 중 PN접합의 파괴원인으로 옳지 않은 것은?

① 제너 파괴 ② 애벌런치 파괴
③ 충격 파괴 ④ 주울열 파괴

✳**NOTE**✳ 파괴현상은 전기적인 원인에 의하고 외부의 충격에는 강하다.

ANSWER – 20.④ 21.④ 22.② 23.⑤ 24.② 25.② 26.② 27.③

PART III

증폭회로

01. 증폭회로의 기초
02. 트랜지스터 증폭회로
03. 그 밖의 증폭회로

증폭회로의 기초

01

1 임계결합시 복동조 증폭기와 단동조 증폭기의 대역폭에 대한 설명으로 옳은 것은?

① 단동조의 대역폭이 2배 넓다.　　② 단동조의 대역폭이 $\sqrt{2}$ 정도 넓다.

③ 단동조의 대역폭이 2배 좁다.　　④ 단동조의 대역폭이 $\sqrt{2}$ 정도 좁다.

　　✽ **NOTE** ✽ 복동조 대역폭 = $\sqrt{2}$ 단동조 대역폭

2 다음 h 파라미터 중 옳지 않은 것은?

① 전압 증폭률　　　　　　　　② 전류 증폭률

③ 입력 임피던스　　　　　　　④ 출력 어드미턴스

　　✽ **NOTE** ✽ h 파라미터

　　　　ㄱ h_i : 출력측 단락시 입력 임피던스

　　　　ㄴ h_r : 입력측 개방시 출력전압의 입력측 되먹임률

　　　　ㄷ h_f : 출력측 단락시 전류 증폭률

　　　　ㄹ h_o : 입력측 개방시 출력 어드미턴스

3 다음 중 옳지 않은 것은?

① 증폭기의 입력이 10[mA], 출력이 100[mA]일 때 증폭기의 전류이득은 20[dB]이다.

② 증폭기의 입력이 10[mW], 출력이 100[mW]일 때 증폭기의 전력이득은 20[dB]이다.

③ 증폭기의 이득이 각각 10배인 두 증폭기의 종합이득은 100배이다.

④ 증폭기의 비선형 일그러짐은 전달특성이 비직선적인 데 기인한다.

　　✽ **NOTE** ✽

$$G_p = 10\log_{10} A_p = 10\log_{10} \frac{\text{출력전력}(P_2)}{\text{입력전력}(P_1)} = 10[\text{dB}]$$

　　※ 종합 증폭도(이득) $A = A_1 \cdot A_2 \dots A_n = 10 \times 10 = 100$(배)

4 다음 중 진공관의 기계적 진동으로 인하여 발생하는 잡음은?

① 플리커 잡음   ② 이온 잡음

③ 산탄 잡음   ④ 마이크로포닉 잡음

✻ NOTE ✻ ① 음극표면의 상태가 고르지 못하여 전자방사가 시간적으로 일정하지 않으므로 발생하는 잡음이다.
         ② 음극에서 방출된 전자가 플레이트로 가는 도중 관 내에 남아 있는 기체분자와 충돌하여 이것
         이 전리할 때 그 양이 불규칙하기 때문에 발생하는 잡음이다.
         ③ 음극에서 전자방출이 불규칙적으로 일어나므로 양극회로에서 발생되는 잡음이다.

5 다음 중 진공관 자체에서 발생하는 잡음과 관계가 없는 것은?

① 산탄 효과   ② 마이크로포닉 잡음

③ 험(Hum)   ④ 플리커 잡음

✻ NOTE ✻ ③ 전원에서 들어오는 잡음으로 없앨 수 있는 잡음이다.

6 감쇠량이 20[dB]인 감쇠기의 입력전력 대 출력전력의 비는?

① $1:10$ ② $1:20$

③ $1:50$ ④ $1:100$

✻ NOTE ✻ $G_p = 10\log_{10} A_p = 10\log_{10} \dfrac{출력전력(P_2)}{입력전력(P_1)} = 20[\text{dB}]$, 따라서 $A_p = \dfrac{100}{1}$ 이 된다.

7 4단자회로에서 입력전압이 20[mV]이고 출력전압이 2[mV]일 때 손실은 몇 [dB]인가?

① $\dfrac{1}{10}$ ② $\dfrac{1}{20}$

③ -10 ④ -20

✻ NOTE ✻ $G_v = 20\log_{10} A_v = 20\log_{10} \dfrac{출력전압(V_2)}{입력전압(V_1)} = 20\log_{10} \dfrac{2}{20} = 20(-1) = -20[\text{dB}]$

⬡ ANSWER – 1.② 2.① 3.② 4.④ 5.③ 6.④ 7.④

8 4단자 회로망에서 입력전류가 100[mA]이고, 출력전류가 1[A]일 때 이득은 몇 [dB]인가?

① 10   ② 20

③ 40   ④ 100

※ NOTE ※ $G_i = 20\log_{10} A_i = 20\log_{10} \dfrac{출력전류(I_2)}{입력전류(I_1)} = 20\log_{10} \dfrac{1}{100 \times 10^{-3}} = 20(1) = 20[\text{dB}]$

9 입력전압이 1[mV], 출력전압이 1[V]일 때 전압이득[dB]은?

① 40[dB]   ② 60[dB]

③ 80[dB]   ④ 100[dB]

※ NOTE ※ $G = 20\log_{10} A_v = 20\log_{10} \dfrac{1,000}{1} = 20\log_{10} 10^3 = 60[\text{dB}]$

10 어떤 증폭기의 입력전압을 5[mV]로 변화시켰더니 출력전압이 5[V]로 변화하였다. 이 증폭기의 이득은 몇 [dB]인가?

① 20   ② 40

③ 60   ④ 80

※ NOTE ※ $G = 20\log_{10} A_v = 20\log_{10} \dfrac{5}{5 \times 10^{-3}} = 20\log_{10} 10^3 = 60[\text{dB}]$

11 전압 증폭도 25[dB]의 증폭기를 2단 종속 접속하였을 경우 배선 등으로 인하여 10[dB]의 손실이 생겼다고 하면 종합 증폭도는 몇 [dB]인가?

① 20   ② 30

③ 40   ④ 50

※ NOTE ※ 종합 증폭도(이득) $A = A_1 \cdot A_2 \dots A_n$ 이므로 $G = 25 + 25 - 10 = 40[\text{dB}]$

12 증폭회로의 전압 증폭도가 20배일 때 전압 증폭도를 [dB]로 나타낸 것은?

① 0   ② 6

③ 12   ④ 26

13 다음 중 트랜지스터의 h_f 측정시 필요한 조건은?

① 입력단자 개방

② 입력단자 단락

③ 출력단자 단락

④ 출력단자 개방

※ **NOTE** ※ h_o와 h_r 측정시에는 입력단자 개방, h_i와 h_f 측정시에는 출력단자 단락이 필요하다.

14 트랜지스터의 h_o 측정시 필요한 조건으로 옳은 것은?

① 입력단자 개방

② 입력단자 단락

③ 출력단자 단락

④ 출력단자 개방

※ **NOTE** ※ 트랜지스터 측정시 필요조건
ㄱ h_o와 h_r 측정 : 입력단자 개방
ㄴ h_i과 h_f 측정 : 출력단자 단락

15 다음 그림에서 h정수의 표기로 옳지 않은 것은?

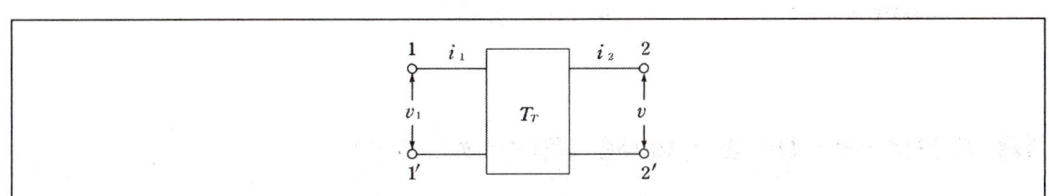

① $h_i = \left(\dfrac{v_1}{i_1}\right)_{v_2 = 일정}$

② $h_r = \left(\dfrac{v_1}{v_2}\right)_{i_1 = 일정}$

③ $h_f = \left(\dfrac{i_1}{i_2}\right)_{v_2 = 일정}$

④ $h_o = \left(\dfrac{i_2}{v_2}\right)_{i_1 = 일정}$

※ **NOTE** ※ 전류 증폭률 $h_f = \left(\dfrac{i_2}{i_1}\right)_{v_2 = 일정}$

① h_i : 입력 임피던스 ② h_r : 전압 되먹임율 ③ h_o : 출력 어드미턴스

ANSWER – 8.② 9.② 10.③ 11.③ 12.④ 13.③ 14.① 15.③

16 다음 중 트랜지스터의 h파라미터를 나타낸 것으로 옳지 않은 것은? (단, V_{CE}와 I_B는 일정하다)

① $h_{ie} = \dfrac{\Delta V_{BE}}{\Delta I_B}$ ② $h_{re} = \dfrac{\Delta V_{BE}}{\Delta V_{CE}}$

③ $h_{fe} = \dfrac{\Delta I_C}{\Delta I_B}$ ④ $h_{oe} = \dfrac{\Delta I_C}{\Delta V_{CE}}$

❋ **NOTE** ❋ 에미터 접지일 때의 각 h파라미터의 정의

㉠ $h_{ie} = \dfrac{\Delta V_{BE}}{\Delta I_B}$ (V_{CE}는 일정) : 출력측 단락시 입력 임피던스

㉡ $h_{re} = \dfrac{\Delta V_{BE}}{\Delta V_{CE}}$ (I_B는 일정) : 입력측 개방시 출력전압의 입력측 되먹임률

㉢ $h_{fe} = \dfrac{\Delta I_C}{\Delta I_B}$ (V_{CE}는 일정) : 출력측 단락시 전류 증폭률

㉣ $h_{oe} = \dfrac{\Delta I_C}{\Delta V_{CE}}$ (I_B는 일정) : 입력측 개방시의 출력 어드미턴스

17 트랜지스터 h정수에서 입력 임피던스 h_i의 단위는?

① Ω[ohm] ② ℧[mho]

③ V[volt] ④ 없음

❋ **NOTE** ❋ 출력단락에서는 Ω[ohm]의 단위를 갖는다.

18 트랜지스터의 h정수 중 h_f에 대한 설명으로 옳은 것은?

① 에미터 전류가 상승하면 h_f는 증가한다.
② 에미터 전류가 상승하면 h_f는 감소한다.
③ 접합부의 온도가 상승하면 h_f는 증가한다.
④ 접합부의 온도가 상승하면 h_f는 감소한다.

❋ **NOTE** ❋ 트랜지스터의 h정수
㉠ h파라미터 중 h_f는 전류 증폭률로 베이스 접지일 때 α, 에미터 접지일 때 β에 해당한다.
㉡ h_f는 에미터 전류가 증가함에 따라 컬렉터 전류(전류 증폭률)가 어느 정도 증가하지만 그 이상으로 에미터 전류를 증가시키면 오히려 감소한다.
㉢ 접합면의 온도가 상승하면 차단전류가 증가하여 컬렉터 전류를 증가시키게 된다.

19 트랜지스터의 정특성에서 V_{CE}=7.5[V]일 때 I_B를 100[μA]에서 250[μA]까지 변화시켰더니 V_{BE}가 0.2[V]에서 0.3[V]까지 변화하였다면 이 트랜지스터의 입력 임피던스 h_{ie}는?

① 200[Ω]

② 667[Ω]

③ 30[Ω]

④ 75[Ω]

❋ NOTE ❋ $h_{ie} = \dfrac{\Delta V_{BE}}{\Delta I_B} (V_{CE}$는 일정$) = \dfrac{0.1}{150 \times 10^{-6}} \fallingdotseq 667[\Omega]$

20 트랜지스터 증폭기의 h_{fe}=54, h_{oe}=20×10^{-6}[Ω], Z_L=10[kΩ]일 때 전류이득은?

① 25

② 35

③ 45

④ 55

❋ NOTE ❋ 전류이득 $A_i = \dfrac{h_{fe}}{1 + h_{oe} \cdot Z_L} = \dfrac{54}{1 + 20 \times 10^{-6} \times 10 \times 10^3} = 45$

21 전류 증폭률이 100인 트랜지스터로 증폭회로를 구성하였더니 전압 증폭도가 150[배]였다. 이 증폭회로에서 전력 증폭도를 구하면 몇 배인가?

① 100

② 150

③ 250

④ 15,000

❋ NOTE ❋ $A_p = A_v h_{fe} = 150 \times 100 = 15,000[$배$]$

22 트랜지스터의 I_B가 100[mA]일 때 V_{CE}를 7.5[V]에서 7.7[V]로 변화시킨 경우 I_C가 200[mA]에서 250[mA]로 되었다면 h_{oe}는?

① 0.25[Ω]

② 0.5[Ω]

③ 0.75[Ω]

④ 1[Ω]

❋ NOTE ❋ $h_{oe} = \dfrac{\Delta I_C}{\Delta V_{CE}} (I_B$는 일정$) = \dfrac{50 \times 10^{-3}}{0.2} \fallingdotseq 0.25[\Omega]$

ANSWER – 16.② 17.① 18.③ 19.② 20.③ 21.④ 22.①

02 트랜지스터 증폭회로

1 증폭회로의 주파수 특성 중 고역에서 증폭도가 낮아지는 이유는?

① 입력결합 콘덴서의 영향　　　　　② 출력결합 콘덴서의 영향

③ 배선 간의 표유용량의 영향　　　　④ 배선 간의 인덕턴스의 영향

> **❋ NOTE ❋** 증폭도의 변화
> ㉠ **고역일 경우** : 출력회로 내의 병렬용량으로 인해 이득이 감소한다.
> ㉡ **저역일 경우** : 결합콘덴서의 영향을 받아 이득이 감소한다.
> ㉢ **중역일 경우** : 콘덴서의 영향을 받지 않아 주파수에 따른 이득이 일정하다.

2 에미터 플로어(Emitter Follower)에 대한 설명으로 옳지 않은 것은?

① 전압 증폭도는 약 1이다.

② 컬렉터 접지회로라고도 한다.

③ 컬렉터 저항 R_C 양단에서 출력을 얻는다.

④ 임피던스 변환을 위한 버퍼(Buffer)로 사용된다.

> **❋ NOTE ❋** ③ 에미터 플로어는 에미터가 저항의 양단에서 출력을 얻는다.

3 포화상태에 대한 설명으로 옳은 것은?

① 베이스와 에미터 간 역바이어스, 베이스와 컬렉터 간 역바이어스 공급

② 베이스와 에미터 간 역바이어스, 베이스와 컬렉터 간 순바이어스 공급

③ 베이스와 에미터 간 순바이어스, 베이스와 컬렉터 간 역바이어스 공급

④ 베이스와 에미터 간 순바이어스, 베이스와 컬렉터 간 순바이어스 공급

> **❋ NOTE ❋** 포화상태는 베이스와 에미터 간 순바이어스, 베이스와 컬렉터 간 순바이어스를 공급하는 경우로
> 스위치의 역할을 한다.

4 전류 증폭률 β=14이고, 컬렉터 차단전류 I_{CO}=0.4[mA]인 에미터 접지형 증폭기에서 베이스 전류 I_B= 0.5[mA]일 때 컬렉터 전류 I_C 는?

① 12.2[mA]　　　　　　　　　　② 13.0[mA]

③ 13.2[mA]　　　　　　　　　　④ 14.5[mA]

❋ **NOTE** ❋ $I_C = \beta I_B + (1+\beta)I_{CO}$에서, $I_C = 14 \times 0.5 + (1+14) \times 0.4 = 13$[mA]

5 트랜지스터의 스위치로 사용할 수 있는 영역으로 바르게 짝지어진 것은?

① 포화영역, 차단영역　　　　　　② 포화영역, 활성영역

③ 차단영역, 역활성영역　　　　　④ 활성영역, 역활성영역

❋ **NOTE** ❋ 포화영역과 차단영역은 스위치나 펄스로 사용될 수 있고 활성영역은 증폭기의 역할을 한다.

6 그림과 같은 회로에서 베이스 전류 I_B는 몇 [mA]인가?　(단, $V_{CE} = 4.6$[V], $V_{BE} = 0.6$[V])

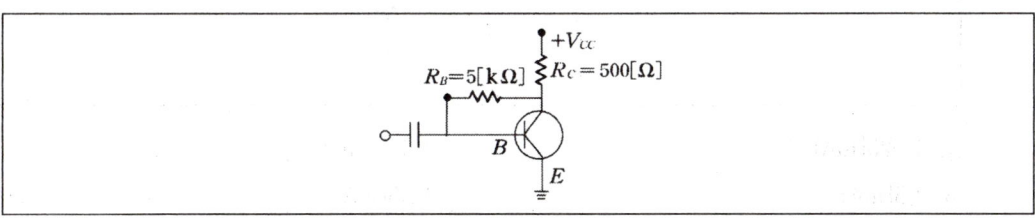

① 0.8　　　　　　　　　　　　　② 0.92

③ 8　　　　　　　　　　　　　　④ 9.2

❋ **NOTE** ❋ $I_B = \dfrac{V_{CE} - V_{BE}}{R_B} = \dfrac{4.6 - 0.6}{5 \times 1,000} = 0.8$[mA]

7 저주파 증폭기의 출력측에서 기본파의 전압이 50[V], 제2고조파의 전압이 4[V], 제3고조파의 전압이 3[V]일 때 일그러짐률 K[%]는?

① 5　　　　　　　　　　　　　　② 6

③ 8　　　　　　　　　　　　　　④ 10

❋ **NOTE** ❋ $K = \dfrac{\sqrt{V_2{}^2 + V_3{}^2}}{V_1} \times 100 = \dfrac{\sqrt{4^2 + 3^2}}{50} \times 100 = 10$[%]

⬡ ANSWER – 1.③ 2.③ 3.④ 4.② 5.① 6.① 7.④

8 기본파의 진폭이 40[mA], 제2고조파 및 제3고조파의 진폭이 각각 1.6[mA], 1.2[mA]인 전류에 대한 일그러짐률 K는?

① 2.5[%] 　　　　　　　　　② 5[%]

③ 7.5[%] 　　　　　　　　　④ 10[%]

　　❋ NOTE ❋ $K = \dfrac{\sqrt{I_2{}^2 + I_3{}^2}}{I_1} \times 100 = \dfrac{\sqrt{1.6^2 + 1.2^2}}{40} \times 100 = 5[\%]$

9 다음 트랜지스터회로에서 R_B=100[Ω], R_C=50[Ω], V_{BE}=0.25[V], V_{CE}=0.5[V]일 때 베이스 전류 I_B는?

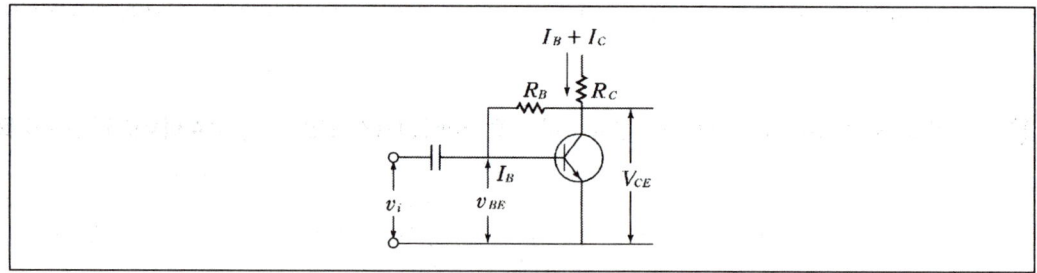

① 0.025[mA] 　　　　　　　② 0.25[mA]

③ 2.5[mA] 　　　　　　　　④ 25[mA]

　　❋ NOTE ❋ $I_B = \dfrac{V_{CE} - V_{BE}}{R_B} = \dfrac{0.5 - 0.25}{100} = \dfrac{0.25}{100} = 0.0025 = 2.5[\text{mA}]$

10 트랜지스터의 h_{ie}=1[kΩ], h_{re}=2.0×10^{-4}, h_{fe}=40, h_{oe}=10[μ℧]의 특성을 가진 에미터 접지 증폭기의 입력 임피던스[℧]는?

① 431 　　　　　　　　　　② 447

③ 458 　　　　　　　　　　④ 500

　　❋ NOTE ❋ $R_{in} = h_{ie}\sqrt{1 - \dfrac{h_{re} \cdot h_{fe}}{h_{ie} \cdot h_{oe}}} = 1 \times 10^3 \sqrt{1 - \dfrac{2 \times 10^{-4} \times 40}{1 \times 10^3 \times 10 \times 10^{-6}}} = 447$

11 V_{CE}가 6[V]로 일정한 상태에서 I_B=100[μA]에서 200[μA]로 변화시키면 I_C가 3.4[mA]에서 6[mA]까지 변화할 때 전류 증폭률은 얼마인가?

① 0.038

② 0.096

③ 26

④ 13

✹NOTE✹ $h_{fe} = \dfrac{\Delta I_C}{\Delta I_B} = \dfrac{2.6 \times 10^{-3}}{100 \times 10^{-6}} = 26$

12 에미터 접지 증폭회로에서 고정 바이어스회로의 안정지수는?

① α

② β

③ $\alpha + 1$

④ $\beta + 1$

✹NOTE✹ 안정지수 $S = \dfrac{\Delta I_C}{\Delta I_{CO}} = (1 + \beta)$이다.

13 그림과 같이 트랜지스터 증폭작용에서 에미터 입력저항이 100[Ω], 전류가 1[mA]이고 컬렉터에 50[kΩ]의 저항을 직렬로 연결할 때 전압 증폭도는? (단, α=0.95)

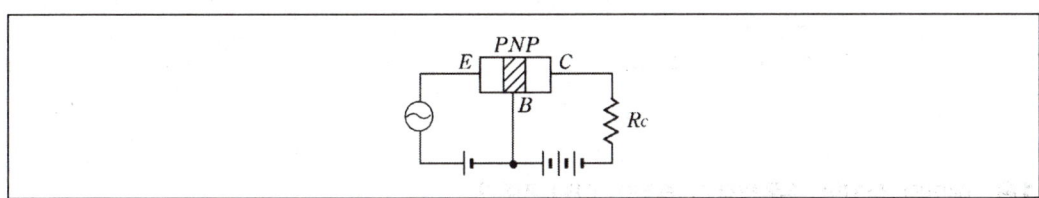

① 325

② 365

③ 475

④ 495

✹NOTE✹ 전압 증폭도 $A_v = \dfrac{e_2}{e_1}$, 전류 증폭률 α가 1보다 작으나 입·출력 저항차에 의해 증폭이 된다.

입력전압 $e_1 = I_e \cdot R_e = 1 \times 10^{-3} \times 100 = 0.1$[V]

출력전압 $e_2 = I_c \cdot R_c \ (\therefore I_c = \alpha \cdot I_C)$
$= 0.95 \times 10^{-3} \times 50 \times 10^3 = 47.5$[V]

$\therefore A_v = \dfrac{e_2}{e_1} = \dfrac{47.5}{0.1} = 475$

⊗ ANSWER – 8.② 9.③ 10.② 11.③ 12.④ 13.③

14 공통 에미터 증폭기에서 h_{re}의 단위는?

① Ω[ohm]   ② $\mho$[mho]

③ V[volt]   ④ 없음

     ✻NOTE✻ h_{re}는 에미터 접지일 때 입력측 개방 출력전압의 입력측 되먹임률로서 단위는 없다.

$$h_{re} = \frac{v_1}{v_2}, \quad i_1 = 0 = \frac{\Delta V_{BE}}{\Delta V_{CE}}$$

15 다음 그림에서 V_{CE}가 −4[V], I_C가 −4[mA], I_B는 −40[μA]일 때 I_E는?

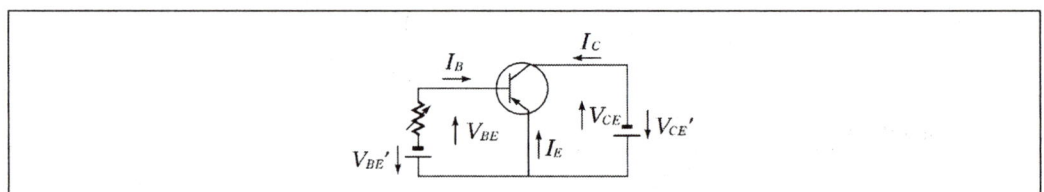

① 2.25[mA]   ② 4.04[mA]

③ 5.32[mA]   ④ 6.02[mA]

     ✻NOTE✻ 트랜지스터의 전류와의 관계는 $I_E = I_B + I_C$이다.

$$\begin{aligned} I_E &= I_B + I_C \\ &= 0.04 + 4 = 4.04[\text{mA}] \end{aligned}$$

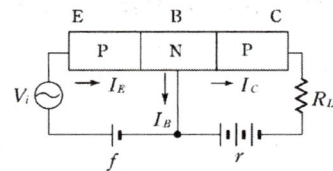

16 에미터 접지형 증폭회로의 특징이 아닌 것은?

① 전류 및 전압 증폭도는 모두 크다.

② 입력 임피던스는 컬렉터 접지형보다는 작고 베이스 접지형보다는 크다.

③ 입·출력 전류의 위상은 동위상이다.

④ 입·출력 전압의 위상은 역위상이다.

     ✻NOTE✻ 전류 증폭도 $A_I = \dfrac{I_C}{I_B} = \dfrac{-h_{fe} I_B}{I_B} = -h_{fe}$에서 (−)는 입·출력의 위상차가 $180°$라는 것을 의미한다.

17 V_{CE}가 일정할 때 어떤 트랜지스터의 출력 특성에서 I_B가 30[μA]에서 60[μA]까지 변화하면, I_C는 −3[mA]에서 −6[mA]까지 변화할 때 전류 증폭률 β은?

① $\dfrac{1}{10}$ ② $\dfrac{1}{20}$

③ 100   ④ 200

  ✳ NOTE ✳ $\beta = \dfrac{\Delta I_C}{\Delta I_B} = \dfrac{-3 \times 10^{-3}}{30 \times 10^{-6}} = 100$

18 베이스 접지 증폭회로에서 컬렉트 전류 I_C는?   (단, I_E : 에미터 전류, I_{CO} : 컬렉터 차단전류, α : 전류 증폭률)

① $I_E + \alpha I_{CO}$ ② $I_E - \alpha I_{CO}$

③ $\alpha I_E + I_{CO}$ ④ $\alpha I_E - I_{CO}$

  ✳ NOTE ✳ 베이스 접지 증폭회로
    ㉠ 트랜지스터 접속에서 베이스가 입·출력 양측에 공통으로 연결되어 있는 회로를 말한다.
    ㉡ 입력저항은 가장 적고 출력저항은 가장 큰 것이 특징이다.

19 다음 중 전력 증폭도가 가장 높은 접지방식은?

① 에미터 접지   ② 컬렉터 접지

③ 베이스 접지   ④ 에미터−베이스 접지

  ✳ NOTE ✳ 전력 증폭도 … 에미터 접지는 1,000배 이상, 컬렉터 접지는 10배, 베이스 접지는 100배 정도이다.
    ※ 전압 증폭도와 전류 증폭도
     ㉠ 전압 증폭도 : 에미터 접지는 100 ~ 1,000배, 컬렉터 접지는 1보다 작고 베이스 접지는 100배 정도이다.
     ㉡ 전류 증폭도 : 에미터 접지와 컬렉터 접지는 10배이고, 베이스 접지는 1보다 작다.

20 다음 그림에서 R_E의 역할로 옳은 것은?

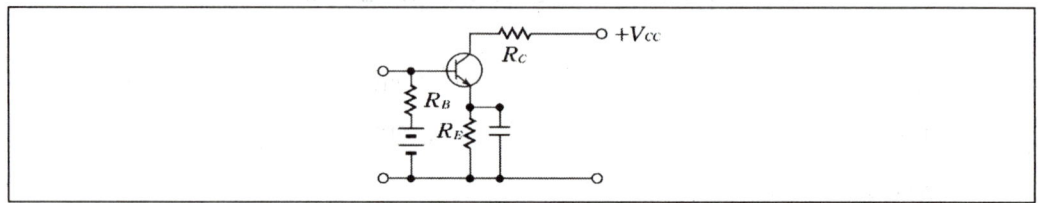

① 출력증대

② 주파수 대역증대

③ 바이어스 전류의 증가

④ 동작점의 안정화

✻ NOTE ✻ 온도가 증가하여 컬렉터 전류 I_C가 증가할 때 R_E, I_C에 의한 전압강하로 베이스 전류 I_B를 제한하여 동작점을 안정시킨다.

21 접지회로방식 중 전류이득과 전압이득을 동시에 얻을 수 있는 것은?

① 에미터 접지

② 베이스 접지

③ 컬렉터 접지

④ 캐소드 플로어

✻ NOTE ✻ 에미터 접지회로는 전류이득과 전압이득이 1보다 크다. 따라서 전류이득과 전압이득을 동시에 얻을 수 있다.

22 에미터 플로어에 대한 설명으로 옳지 않은 것은?

① 전압이득은 1 또는 1 이하이다.

② 출력 임피던스가 매우 높고 입력 임피던스가 매우 낮다.

③ 임피던스 변환을 하기 위한 버퍼단으로 사용된다.

④ 큰 전류이득이 필요한 회로에 사용된다.

⑤ 에미터가 저항 양단에서 출력을 얻는다.

✻ NOTE ✻ 입력 임피던스가 매우 높고 출력 임피던스가 매우 낮아서 저항변환용으로 사용된다.

23 증폭기보다 주로 임피던스 정합에 사용하는 접지회로는?

① 에미터 접지회로

② 컬렉터 접지회로

③ 베이스 접지회로

④ R_E를 갖는 에미터 접지회로

✻ NOTE ✻ CC(Common Collector)회로(에미터 플로어 : 컬렉터 접지회로)

　　㉠ 전압이득이 1 이하이며, 음되먹임을 하는 회로로 임피던스 저항회로에 사용한다.

　　㉡ 입력저항은 크나 출력저항은 비교적 적어 증폭기보다는 임피던스 정합(Impedance Matching)에 주로 사용된다.

24 에미터 접지회로에서 R_E에 대한 설명으로 옳지 않은 것은?

① 부하가 증가할 때 입력저항이 증가한다.　② R_E에 의해 이득이 감소한다.

③ 이득을 위해 C_E와 직렬로 연결한다.　④ R_E를 안정용 저항이라고 한다.

＊**NOTE** ＊ ③ 에미터 측의 저항 R_E에 의해 이득이 감소하는 것을 보상하기 위해 콘덴서 C_E와 병렬로 연결한다. 이때 접속되는 콘덴서를 바이패스(Bypass Condensor)라고 한다.

25 다음 중 최대한 높은 주파수까지 증폭하려고 할 때 사용하는 접지회로는?

① 에미터 접지회로　　　　　　　　② 컬렉터 접지회로

③ 베이스 접지회로　　　　　　　　④ R_E를 갖는 에미터 접지회로

＊**NOTE** ＊ 베이스 접지회로 … 입력저항은 가장 적으나 출력저항이 가장 크고, 차단 주파수가 가장 높은 접지회로이다. 따라서, 고주파 증폭에 사용한다.

26 전압이득 G_1, G_2, G_3가 각각 60[dB], 20[dB], 40[dB]인 증폭기를 3단 접속하여 첫 단의 증폭기 A_1에 입력전압으로서 2[μV]인 전압을 가했을 때 종단 증폭기 A_3의 출력전압은 몇 [V] 인가?

① 0.02　　　　　　　　　　　　② 0.2

③ 2　　　　　　　　　　　　　　④ 20

＊**NOTE** ＊ 다단 증폭기의 전체 이득 $G = G_1 + G_2 + G_3 = 120$[dB]

전압이득 $G_v = 20\log\dfrac{V_o}{V_i} = 120$[dB], $\dfrac{V_o}{V_i} = 10^6$

$V_o = 10^6 \times 2 \times 10^{-6} = 2$[V]

27 1단 에미터 플로어와 달링톤회로를 비교 설명한 것으로 옳지 않은 것은?

① 달링톤회로의 전류이득이 크다.

② 달링톤회로의 입력저항이 크다.

③ 1단 에미터 플로어의 전압이득이 약간 크다.

④ 1단 에미터 플로어의 출력저항이 약간 작다.

＊**NOTE** ＊ ④ 1단 에미터 플로어의 출력저항이 약간 크다.

ANSWER - 20.④ 21.① 22.② 23.② 24.③ 25.③ 26.③ 27.④

28 다음 중 입력 임피던스를 높이기 위한 트랜지스터 증폭회로가 아닌 것은?

① 캐스코드(Cascode)회로　　　　　　② CC(Common Collector)회로

③ 달링톤(Darlington)회로　　　　　　④ 부트스트랩(Bootstrap)회로

> ✳ NOTE ✳ 캐스코드(Cascode)회로는 CE회로에 CB회로를 직렬로 연결한 것으로 전압이득과 전류이득을 동시에 얻을 수 있는 접속방식이다.

29 저주파 증폭기의 주파수 특성으로 옳은 것은?

① 입력전압에 대한 출력전압의 관계

② 주파수 입력 또는 출력에 대한 임피던스의 관계

③ 각 주파수에 대한 이득의 관계

④ 입력 주파수에 대한 출력 주파수의 이득관계

> ✳ NOTE ✳ 저주파 증폭기의 주파수 특성
> ㉠ 증폭기 입력이 같을 때 여러가지 전압을 가하여 출력 측에 나타나는 전압을 측정하여 그 이득을 관찰하는 것이다.
> ㉡ 넓은 범위에서 이득이 균등하다면 주파수 특성이 좋은 것이다.

30 다음 그림의 회로에서 Q_1과 Q_2의 전류 증폭률이 각각 A_1과 A_2일 때 전류 증폭률은?

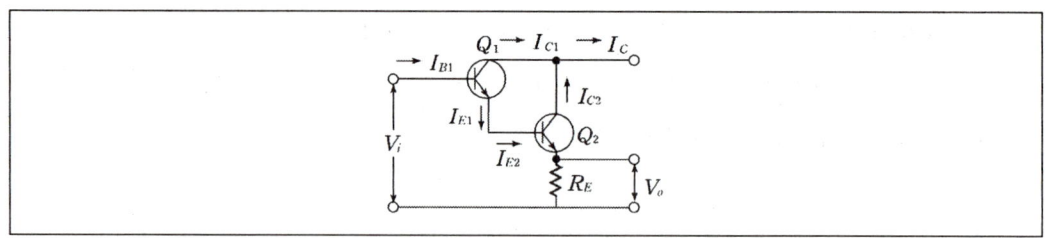

① $A = A_1 + A_2$　　　　　　　　② $A = A_1 \cdot A_2$

③ $A = \dfrac{A_1}{A_2}$　　　　　　　　　④ $A = \dfrac{A_2}{A_1}$

> ✳ NOTE ✳ 그림의 회로는 달링톤(Darlington)회로이다.
> 전류 증폭률 $A_I = (1+h_{fe1})(1+h_{fe2}) = A_1 \cdot A_2$
> ※ 달링톤회로의 특징
> ㉠ 입력저항과 전류 증폭률이 매우 크다.
> ㉡ 첫째단의 누설전류를 둘째단의 트랜지스터가 증폭하는 단점이 있다.

31 PN접합 트랜지스터의 베이스 접지회로에 대한 저주파 단락의 전류 증폭률이 $\alpha = 0.98$이고, α 차단 주파수가 8[MHz]라면 에미터 접지회로에 대한 전류 증폭률의 차단 주파수는?

① 40[kHz]　　　　　　　　　　② 80[kHz]

③ 160[kHz]　　　　　　　　　　④ 320[kHz]

✻ **NOTE** ✻ $f_\beta = f_\alpha(1-\alpha) = 8(1-0.98)$
$= 0.16[MHz] = 160[kHz]$

32 다음 중 RC 결합 트랜지스터 증폭기에서 저주파 대역의 제한요인에 해당하는 것은?

① 부성저항　　　　　　　　　② 출력회로의 병렬 커패시턴스

③ 결합 커패시턴스　　　　　　④ 증폭기의 소자 특성

✻ **NOTE** ✻ RC 결합 증폭기에서 고주파 특성제한은 출력회로 내의 병렬용량 때문이며, 저주파 특성을 제한하는 것은 결합용량 때문이다.

33 RC 결합 증폭기의 고역 차단 주파수를 f_H라 할 때 n단일 때의 차단 주파수는?

① $\dfrac{f_H}{\sqrt{1 - 2^{\frac{1}{n}}}}$　　　　　　② $\dfrac{f_H}{\sqrt{2^{\frac{1}{n}} - 1}}$

③ $\sqrt{1 - 2^{\frac{1}{n}}}\, f_H$　　　　　　④ $\sqrt{2^{\frac{1}{n}} - 1}\, f_H$

✻ **NOTE** ✻ 다단으로 할수록 고역 주파수 f_H는 감소한다.

34 RC 결합 트랜지스터 증폭기의 이득이 고주파 대역에서 감소하는 가장 큰 원인은?

① 부성저항이 생기기 때문이다.

② 출력회로의 병렬 커패시턴스 때문이다.

③ 결합 커패시턴스 때문이다.

④ 증폭기 소자의 특성이 변하기 때문이다.

✻ **NOTE** ✻ RC 결합 증폭기에서 고주파 특성을 제한하는 것은 출력회로 내의 병렬용량 때문이다.

ANSWER – 28.① 29.③ 30.② 31.④ 32.③ 33.④ 34.②

35 RC 결합 증폭기의 차단 주파수에 대한 설명으로 옳지 않은 것은?

① 저역 차단 주파수 f_L은 다단을 행할수록 증가한다.

② 고역 차단 주파수 f_H은 다단을 행할수록 감소한다.

③ 다단을 행할수록 대역폭이 감소한다.

④ 다단의 주파수는 각 단의 주파수와 같다.

> ❉ **NOTE** ❉ ④ 다단 증폭기의 주파수는 증폭단 각각의 주파수와 다르다.
>
> ※ 고역 차단 주파수는 $\sqrt{2^{\frac{1}{n}}-1}\,f_H$, 저역 차단 주파수는 $\dfrac{f_L}{\sqrt{2^{\frac{1}{n}}-1}}$ 으로 다단을 행할수록 f_H의
>
> 감소와 f_L의 증가로 대역폭은 감소한다.

36 다음 그림과 같은 증폭기에서 인덕턴스 L의 작용으로 알맞은 것은?

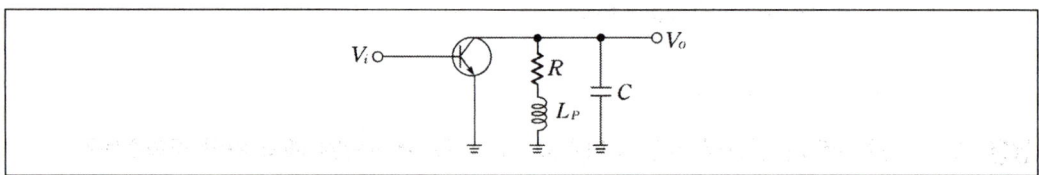

① 고주파 보상용

② 고주파 차단용

③ 저주파 보상용

④ 직류 차단용

> ❉ **NOTE** ❉ Peaking Coil 접속회로 … 증폭기의 고역에서 이득감소는 트랜지스터 자체 성능인 차단 주파수가 높지 않기 때문이고 접합용량 성분, 부유용량 성분과도 관계가 있다. 이런 원인을 피하고 고역을 넓히기 위해 사용하는 코일을 Peaking Coil이라고 한다.

37 잡음지수 F_1, F_2가 각각 15, 21이고, 이득 G_1, G_2가 각각 10, 20인 2단 증폭기의 종합 잡음 지수는?

① 17

② 18

③ 30

④ 36

> ❉ **NOTE** ❉ $F = F_1 + \dfrac{F_2-1}{G_2} + \cdots + \dfrac{F_n-1}{G_n} = 15 + \dfrac{21-1}{10} = 17$

38 다음 중 가장 높은 전력이득을 주는 결합방법은?

① RC 결합
② 임피던스 결합
③ 변성기 결합
④ 전력이득은 변함없다.

✽ NOTE ✽ 전력이득은 '변성기 결합 > 임피던스 결합 > RC 결합'순이다.

39 고주파 트랜지스터의 주파수 특성에 대한 설명으로 옳지 않은 것은?

① 고주파 특성 개선을 위해 베이스 폭을 좁게 한다.
② 주파수가 증가하면 출력이 일정하게 유지되나 결국에는 증폭도의 감소를 일으킨다.
③ 차단 주파수 f_α는 확산계수 D에 비례한다.
④ 차단 주파수 f_α는 베이스 폭에 반비례한다.

✽ NOTE ✽ $f_\alpha = \dfrac{1}{t_B} = \dfrac{D}{\pi W_B^{\,2}}$ 에서 차단 주파수 f_α는 베이스 폭의 제곱에 반비례한다.

40 에미터 용량 C_e, 컬렉터 용량 C_c, 상호컨덕턴스 g_m, CE 증폭기 전류 증폭률이 h_{fe}라 할 때 β 차단 주파수 f_β의 식은?

① $f_\beta = \dfrac{g_m}{2\pi C_e \cdot h_{fe}}$
② $f_\beta = \dfrac{2\pi C_e \cdot h_{fe}}{g_m}$
③ $f_\beta = \dfrac{g_m}{h_{fe}}$
④ $f_\beta = \dfrac{h_{fe}}{g_m}$

✽ NOTE ✽ $f_\beta = \dfrac{g_m}{2\pi(C_e + C_c)h_{fe}} = \dfrac{g_m}{2\pi C_e \cdot h_{fe}}$

41 에미터 플로어의 특징으로 볼 수 없는 것은?

① 전압 증폭도는 1 이하이다.
② 입력과 출력전압은 동위상이다.
③ 입력 임피던스는 낮고, 출력 임피던스는 높다.
④ 음되먹임 증폭기이다.

✽ NOTE ✽ 입력 임피던스가 높고 출력 임피던스가 낮아 내부저항이 큰 전원에 저항변환원으로 사용한다.

ANSWER – 35.④ 36.① 37.① 38.③ 39.④ 40.① 41.③

03 그 밖의 증폭회로

1 다음 중 바이어스회로와 그에 해당하는 바이어스 전류 I_B의 연결이 바르게 짝지어진 것은?
(단, $V_{CC} \gg V_{BE}$)

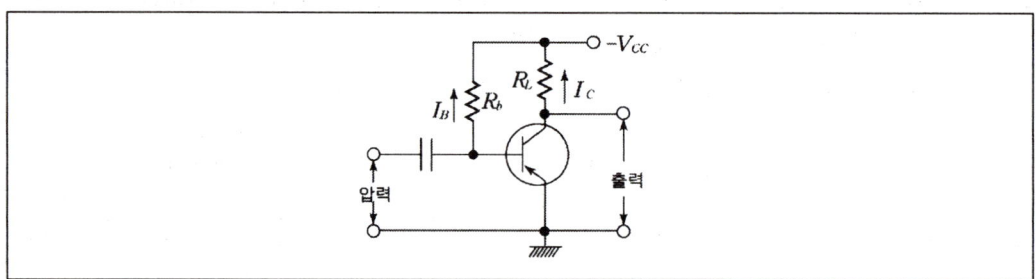

① 전압되먹임 바이어스회로 $- \dfrac{\dfrac{V_{CC}}{R_b}}{R}$

② 고정 바이어스회로 $- \dfrac{\dfrac{V_{CC}}{R_b}}{R_L}$

③ 전압되먹임 바이어스회로 $- \dfrac{V_{CC}}{R_b}$

④ 고정 바이어스회로 $- \dfrac{V_{CC}}{R_b}$

✿ **NOTE** ✿ 그림은 고정 바이어스회로 또는 베이스 전류 바이어스회로이므로, 베이스 전류는 $\dfrac{V_{CC} - V_{BE}}{R_b}$ 이
다. 그런데, $V_{CC} \gg V_{BE}$ 이므로 $I_B \fallingdotseq \dfrac{V_{CC}}{R_b}$ 이 된다.

2 트랜지스터를 이용한 음되먹임 증폭회로의 특징으로 옳지 않은 것은?

① 이득을 크게 한다.

② 주파수 특성이 개선된다.

③ 일그러짐이 감소된다.

④ 입력 임피던스를 높인다.

✿ **NOTE** ✿ NFB의 특징
〇 안정도가 높고 일그러짐이 감소한다.
〉 주파수 특성이 좋아지며 잡음이 감소하며 이득이 낮아신다.

3 증폭기에서 음되먹임을 사용하는 목적으로 옳지 않은 것은?

① 이득의 증대   ② 왜율의 감소

③ 주파수 특성의 개선   ④ 잡음과 비선형 일그러짐의 감소

✳ NOTE ✳ 음되먹임 증폭회로의 특징

㉠ 증폭도는 감소하나 대역폭이 $(1-A\beta)$배로 넓어져 주파수 특성이 개선된다.

㉡ 증폭도 $\dfrac{1}{1-A\beta}$배 안정, 왜율은 $\dfrac{1}{1-A\beta}$배 감소, 입·출력 임피던스를 변화시킨다.

4 그림과 같은 되먹임회로는?

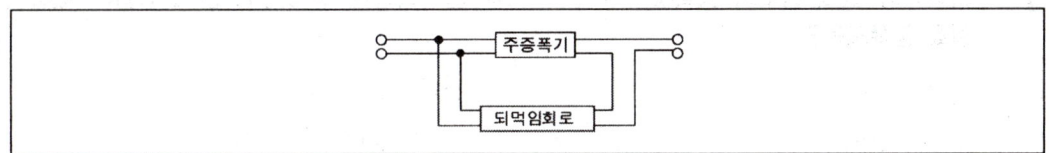

① 전압직렬 되먹임   ② 전류직렬 되먹임

③ 전압병렬 되먹임   ④ 전류병렬 되먹임

✳ NOTE ✳ 출력전류의 일부 또는 전부를 입력측에 되먹임하는 방식으로 병렬로 되먹임하고 있다.

5 음되먹임 증폭기의 장점이 아닌 것은?

① 주파수 일그러짐이 감소한다.

② 잡음 및 비선형 일그러짐이 감소한다.

③ 주파수 대역폭이 증가한다.

④ 전력효율이 개선된다.

⑤ 부하변동에 의한 이득변동의 감소로 증폭동작이 안정된다.

✳ NOTE ✳ 음되먹임(부궤환)의 경우 이득은 감소하나 ①②③⑤ 특징을 얻을 수 있다.

ANSWER – 1.④ 2.① 3.① 4.④ 5.④

6 다음 중 음되먹임 증폭회로의 특징으로 옳지 않은 것은?

① 주파수 특성이 개선된다.

② 트랜지스터의 상수변화에도 증폭도가 크게 영향을 받는다.

③ 전원전압이 변동해도 증폭도가 그다지 영향을 받지 않는다.

④ 증폭 일그러짐을 감소시킬 수 있다.

❋ **NOTE** ❋ 증폭도는 되먹임이 없을 때보다는 작게 되지만 고주파나 저주파 영역에서는 되먹임이 없을 때 보다 크게 작아지지 않아 주파수 대역폭이 넓어지므로 주파수 특성이 개선된다.

7 되먹임이 없을 경우의 증폭도가 100일 경우 음되먹임률 $\beta=0.05$라면 되먹임이 있을 경우의 실효 증폭도는?

① 약 6[배] ② 약 16.7[배]

③ 약 20[배] ④ 약 100[배]

❋ **NOTE** ❋ $A = \dfrac{A_o}{1+\beta A_o} = \dfrac{100}{1+0.05 \times 100} \fallingdotseq 16.7[\text{배}]$

8 되먹임이 없을 때와 비교하여 전압되먹임 증폭회로의 입력 임피던스의 변화로 옳은 것은?

① 높아진다. ② 낮아진다.

③ 변함없다. ④ 온도에 따라 다르다.

❋ **NOTE** ❋ 입력 임피던스는 높아지고, 출력 임피던스는 낮아진다.

9 음되먹임 증폭기를 사용하는 주된 목적은?

① 발진을 방지하기 위해 ② 왜곡을 줄이기 위해

③ 감도를 높이기 위해 ④ 증폭률을 높이기 위해

⑤ 이득을 높이기 위해

❋ **NOTE** ❋ 음되먹임의 특징

ⓐ 주파수 일그러짐이 감소한다.

ⓑ 잡음 및 비선형 일그러짐이 감소한다.

ⓒ 주파수 대역폭이 증가한다.

ⓓ 부하변동에 의한 이득변동의 감소로 증폭동작이 안정된다.

10 음되먹임 증폭회로에서 입력전압 V_i, 출력전압 V_o, 되먹임 전압 V_f, 되먹임이 없을 때의 증폭도 A_o, 음되먹임시 증폭도를 A라 한다면 A의 식은?

① $A = \dfrac{V_o}{V_i}$

② $A = \dfrac{A_o}{1 + \beta A_o}$

③ $A = V_i \dfrac{V_f}{V_o}$

④ $A = \dfrac{A_0}{V_f} - 1$

✻ NOTE ✻ 음되먹임 증폭도 $A = \dfrac{1}{\dfrac{1}{A_o} + P} = \dfrac{A_o}{1 + \beta A_o}$ 가 된다.

11 다음 중 증폭기의 동작점에 따른 직선성이 가장 좋은 것은?

① A급 증폭기

② B급 증폭기

③ C급 증폭기

④ AB급 증폭기

✻ NOTE ✻ A급 출력파형은 전파형, B급은 반파, C급은 반파 이하의 출력이 얻어진다.

12 기본 주파수의 배수의 주파수를 얻고자 할 때 쓰이는 증폭방식은?

① A급

② B급

③ C급

④ AB급

✻ NOTE ✻ 주파수 채배방식으로 공진회로에 의한 동조형태를 취한다. 공진회로에 주기적인 여진전압을 공급하는 데 C급 증폭방식이 쓰인다.

13 다음 중 전력 증폭회로의 설명으로 옳지 않은 것은?

① 동작점은 교류 부하선을 2등분한다.

② 최대 정격 이내에서 가능한 한 바이어스 전류를 큰 값으로 한다.

③ 출력 트랜스를 사용한 싱글전력 증폭일 경우는 B급 바이어스를 걸러준다.

④ 컬렉터 전류의 결정은 직류 부하선상에서 최대 정격값을 넘지 않는 범위 내에서 가장 큰 값으로 취한다.

✻ NOTE ✻ ③ 출력 트랜스를 사용한 싱글전력 증폭회로에서는 바이어스를 A급으로 가하여 일그러짐이 없도록 해야 한다.

ANSWER – 6.② 7.② 8.① 9.② 10.② 11.① 12.③ 13.③

14 A급 증폭기에 대한 설명으로 옳은 것은?

① 일그러짐이 매우 크다.

② 출력전력이 매우 크다.

③ 컬렉터 전류는 입력신호의 전 주기 동안 흐른다.

④ 차단점에 바이어스를 가해 동작시킨다.

> ✳ NOTE ✳ ④ B급 증폭기의 설명이다.
> ※ A급 증폭기 … 출력 컬렉터 전류는 특성곡선의 중앙점에 동작점을 두고 입력을 가하므로 전 주기 동안 흐른다. 따라서 출력파형에 일그러짐은 적으나 입력신호가 없어도 전류가 흐르므로 효율이 50% 이하이다.

15 FET의 핀치오프(Pinch-off) 전압에 대한 설명으로 옳은 것은?

① FET의 애벌런치 전압

② DS 사이의 최대 전압

③ 채널 폭이 막힌 때의 게이트의 역방향 전압

④ 채널 폭이 최대로 되는 게이트의 역방향 전압

> ✳ NOTE ✳ 핀치오프(Pinch-off) 전압 … 게이트의 역방향 바이어스 전압을 증가시키면 공간전하층의 폭이 넓어져 채널이 완전히 막혀버리는 상태에 이르게 된다. 이 상태를 채널이 Pinch-off 되었다고 하며, 이때의 게이트 전압을 핀치오프 전압이라고 한다.

16 송신기 등에서 사용하는 고주파 전력 증폭기에 가장 많이 사용하는 증폭방식은?

① A급

② B급

③ C급

④ AB급

> ✳ NOTE ✳ C급 증폭기는 효율이 좋기 때문에 고주파 증폭기로 많이 사용한다.

17 A급 증폭기의 입력 신호전압이 정현파일 때 출력전력에 대한 설명으로 옳은 것은?

① 입력 신호전압에 비례한다.

② 입력 신호전압의 제곱에 비례한다.

③ 입력 신호전압에 반비례한다.

④ 입력 신호전압의 제곱에 반비례한다.

> ✳ NOTE ✳ 출력 $P_o = \dfrac{V_o^2}{R_L} = \dfrac{(AV_s)^2}{R_L}$ 이므로 입력전압의 제곱에 반비례한다.

18 A급 증폭기에 컬렉터 전류가 흐르는 주기는?

① 반주기 이하 　　　　　　　② 반주기

③ 반주기 ~ 한주기 　　　　　④ 한주기

    ✳ **NOTE** ✳ A급 증폭기의 동작점은 특성곡선의 중간지점이므로 항상 컬렉터 전류가 흐른다.

19 전력 증폭회로의 이상적인 최대 출력을 얻을 수 있는 조건과 관계없는 것은?

① 변성기의 손실을 무시한다.

② R_E에 의한 손실을 무시한다.

③ 동작점은 교류 부하선의 중심에 있는 것으로 한다.

④ i_c, V_{CE}는 직류 부하선의 전체 범위까지 이용한다.

    ✳ **NOTE** ✳ ④ i_c, V_{CE}는 교류 부하선의 전체 범위까지 이용한다.

20 차단점에서 동작하는 B급 푸시풀 증폭기에서 일어나기 쉬운 일그러짐은?

① 진폭 일그러짐 　　　　　　② 주파수 일그러짐

③ 교차 일그러짐 　　　　　　④ 위상 일그러짐

    ✳ **NOTE** ✳ B급 푸시풀 증폭기의 동작점을 차단영역에서 취하기 때문에 교차 일그러짐이 생기고 이를 개선하
    기 위해 동작점의 위치를 약간 AB급 쪽으로 이동한다.

21 푸시풀(Push-Pull) 전력 증폭기에서 출력파형의 일그러짐이 작아지는 이유는?

① 2개의 트랜지스터에 인가되는 입력전압의 위상이 동상이기 때문이다.

② 직류성분이 증폭되지 않기 때문이다.

③ 기수차 고조파가 상쇄되기 때문이다.

④ 우수차 고조파가 상쇄되기 때문이다.

    ✳ **NOTE** ✳ 푸시풀 증폭기는 B급으로 동작시키므로 직류 바이어스 전류가 작아도 되며, 입력이 없을 때 컬렉
    터 손실이 적으므로 우수 고조파의 성분이 상쇄된다.

ANSWER – 14.③　15.③　16.③　17.②　18.④　19.④　20.③　21.④

22 다음 중 A급 증폭기를 주로 사용하는 곳은?

① 고주파 증폭   ② 저주파 증폭

③ 발진회로   ④ 동조부

    ✱ NOTE ✱ A급 증폭기의 동작점은 특성곡선의 중간지점이므로 항상 컬렉터 전류가 흐르며, 저주파 증폭회로에서 주로 사용한다.

23 B급 푸시풀 증폭기의 장점이 아닌 것은?

① 큰 출력을 얻을 수 있다.

② 입력신호가 없을 때 전력손실이 매우 작다.

③ 출력파형의 일그러짐이 작아진다.

④ 전파 정류능력을 지닌다.

⑤ 동작점을 특성곡선의 중간영역에서 취한다.

    ✱ NOTE ✱ B급 푸시풀 증폭기의 동작점을 차단영역에서 취하기 때문에 교차 일그러짐이 생기고 이를 개선하기 위해 동작점의 위치를 약간 AB급 쪽으로 이동한다.

24 NPN형 트랜지스터와 PNP형 트랜지스터의 조합으로 구성된 푸시풀회로는?

① Complementary Symmetry   ② PN 공통 접합

③ 에미터 플로워   ④ 컬렉터 접지회로

    ✱ NOTE ✱ Complemetary Symmetry … 상보대칭회로라 하며 특성이 같은 NPN과 PNP을 사용하여 푸시풀회로를 구성한 것으로 위상 변화기를 쓰지 않도록 푸시풀 중복사용이 가능하다.

25 다음 중 푸시풀 증폭기에서 교차 일그러짐을 제거하여 충실도가 좋은 파형을 얻기 위해 사용하는 것은?

① A급   ② B급

③ C급   ④ AB급

    ✱ NOTE ✱ 교차 일그러짐
           ㉠ 특성곡선의 하부 만곡부의 합성특성에 의한 것으로서, 차단 바이어스점에 동작점을 취할 때 일어나는 현상이다.
           ㉡ 교차 일그러짐을 제거하려면 차단 바이어스보다 얕은 전압을 가해야 하므로 AB급이 가장 우수하다.

26 고주파 증폭회로에서 중화에 대한 설명으로 옳지 않은 것은?

① 베이스 접지에서는 중화할 필요가 없다.

② 회로소자를 단일 방향화하는 회로이다.

③ 컬렉터 용량을 통한 되먹임과 위상은 같고 크기가 반대되는 되먹임을 시켜준다.

④ 자기발진을 방지하기 위해 중화회로를 이용한다.

⑤ 중화용 콘덴서의 용량은 커야 한다.

    ✻NOTE✻ ⑤ 중화용 콘덴서의 용량은 작아야 한다.

        ※ **중화용 콘덴서**
           ㉠ 3극관이나 트랜지스터를 이용하여 고주파 증폭을 하는 경우 출력의 일부를 입력측에 결합
              하여 중화시키는 것이다.
           ㉡ 자기발진을 제거함으로써 안정한 동작을 얻는 데 이용한다.

27 OTL(Output Transfer Less)회로에 대한 설명으로 옳지 않은 것은?

① 출력에 트랜스를 사용하지 않고 직접 부하를 구동할 수 있는 회로이다.

② SEPP(Single Ended Push-Pull)와 DEPP(Double Ended Push-Pull) 등이 있다.

③ OCL(Output Condensor Less)은 무신호시 출력측에 콘덴서를 필요로 하지 않는다.

④ 상보대칭 SEPP회로는 C급으로 동작한다.

    ✻NOTE✻ 상보대칭 SEPP는 특성이 같은 PNP형 트랜지스터와 NPN형 트랜지스터를 병렬로 조합한 것으로
        B급으로 동작한다.

28 복동조회로의 임계결합의 정의로 옳은 것은?

① 결합계수 $k = \dfrac{1}{Q}$ 일 때의 결합   ② 결합계수 $k > \dfrac{1}{Q}$ 일 때의 결합

③ 결합계수 $k < \dfrac{1}{Q}$ 일 때의 결합   ④ 결합계수 $k \gg \dfrac{1}{Q}$ 일 때의 결합

    ✻NOTE✻ 복동조회로는 $k = \dfrac{1}{Q}$ 일 때 임계결합으로 최대 이득의 단봉특성을 지닌다.

ANSWER – 22.② 23.⑤ 24.① 25.④ 26.⑤ 27.④ 28.①

IV
PART

발진회로

01. 발진회로의 기초
02. LC 발진회로
03. RC 발진회로
04. 수정 발진회로

01 발진회로의 기초

1 증폭도 A 인 증폭기에 되먹임률 β 로 양되먹임을 걸 경우, 발진이 이루어지는 조건은?

① $A\beta = 0$　　　　　　　　　② $A\beta \geq 0$

③ $A\beta < 0$　　　　　　　　　④ $A\beta = 1$

✻**NOTE**✻ 발진이 일어나기 위해서는 $A\beta = 1$을 만족해야 한다.

2 다음 발진회로에서 출력신호의 주기는? (단, 논리소자는 TTL이다)

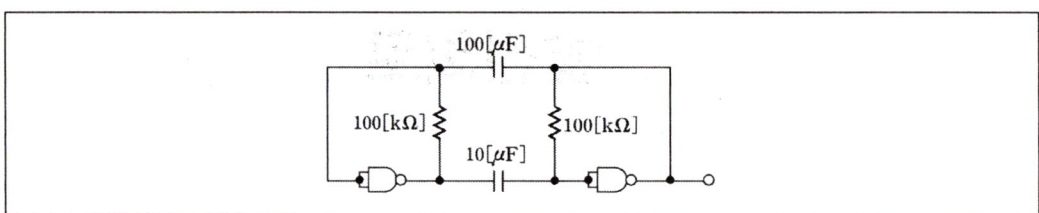

① 약 0.4초　　　　　　　　② 약 0.7초

③ 약 1초　　　　　　　　　④ 약 2초

✻**NOTE**✻ 발진 주파수 $f = \dfrac{1}{T} = \dfrac{1}{2\pi RC}$ 이므로 $T = 2\pi RC = 2\pi \times 100 \times 10^3 \times 10 \times 10^{-6} = 6.28$

그런데 TTL 소자는 약 $\dfrac{1}{10}$ 초의 지연시간을 가지므로 약 0.7초가 된다.

3 다음 중 부성저항 발진회로는?

① CR 발진회로　　　　　　② LC 발진회로

③ 수정 발진회로　　　　　　④ 터널 다이오드 발진회로

✻**NOTE**✻ ④ 터널 다이오드 발진회로는 부성저항 특징을 가지고 있다.
　　　　　① R과 C를 사용하여 정되먹임을 이용한 것이다.
　　　　　② L과 C의 공진특성을 이용하는 발진기이다.
　　　　　③ 수정편의 압전 현상을 이용한 것이다.

4 최대 효율을 얻기 위한 발진기는 일반적으로 어느 급 동작방식을 택하는가?

① A급   ② AB급
③ B급   ④ C급

   ✳ **NOTE** ✳ 발진기의 효율은 C급이 78.5% 이상으로 가장 높다.

5 다음 중 정현파 발진을 할 수 없는 것은?

① 수정 발진기   ② LC 반결합 발진기
③ CR 발진기   ④ 멀티바이브레이터

   ✳ **NOTE** ✳ 멀티바이브레이터는 구형파 펄스를 발생한다.
         ※ 정현파 발진 … LC 발진기, CR 발진기, 수정 발진기

6 클라이스트론에 대한 설명으로 옳지 않은 것은?

① 마이크로 웨이브용 발진이나 증폭에 사용하는 전자관이다.
② 속도 변조관은 전자주행 시간을 반대로 이용한 것이다.
③ 도너츠형의 공동 공진기를 가지고 있다.
④ 전자의 속도에 변화를 주는 역할을 하는 입력측의 공진기를 캐처라 한다.

   ✳ **NOTE** ✳ 번처와 캐처
         ㉠ 번처 : 전자의 속도에 변화를 주는 역할을 하는 입력측의 공진기를 말한다.
         ㉡ 캐처 : 전자류에서 에너지를 끌어내는 역할을 하는 출력측의 공진기를 말한다.
         ※ **클라이스트론의 종류** … 구조에 따라 복공동형, 다공동형, 반사형으로 분류한다.

7 다음 중 진행파관에 대한 설명으로 옳지 않은 것은?

① 구조가 간단하고, 잡음지수가 비교적 좋다.
② 전자의 운동 에너지를 전계에 전달하여 마이크로파의 전력을 증폭시킨다.
③ 광범위한 주파수 대역에서 고른 증폭특성을 갖는다.
④ 레이더의 송신관이나 공업용 및 가정용의 가열, 건조, 해동 등에 사용한다.

   ✳ **NOTE** ✳ ④ 마그네트론에 대한 설명이다.

ANSWER – 1.④ 2.② 3.④ 4.④ 5.④ 6.④ 7.④

8 다음 중 발진의 안정조건이 아닌 것은?

① 발진회로를 일정한 온도의 항온조 안에 넣는다.

② 전원 안정화회로를 사용한다.

③ 완충 증폭기를 넣는다.

④ 양극전류가 최소가 되도록 조절한다.

> ＊NOTE＊ 발진의 안정조건
> ㉠ 부하의 변화 : A급 증폭단인 완충 증폭기를 넣는다.
> ㉡ 주위 온도의 변화 : 발진회로를 온도가 일정한 항온조 안에 넣거나 온도 보상회로를 추가한다.
> ㉢ 전원전압의 변화 : 전원 안정화회로를 써서 전압의 안정도를 높인다.
> ㉣ 능동소자의 상수 변화 : 전원, 온도에 의한 변동이므로 ㉡㉢의 조치로 해결한다.

9 마그네트론에 대한 설명으로 옳지 않은 것은?

① 극초단파 발진용 전자관의 일종으로 자전관이라고도 한다.

② 순간적으로 큰 전류가 얻어지기 때문에 펄스의 발진에 적당하다.

③ 초다중 전화나 TV 중계회선의 전력 증폭기에 사용한다.

④ 발진효율이 높고 대출력이 얻어지는 장점이 있다.

> ＊NOTE＊ 초다중 전화나 TV 중계회선의 전력 증폭기에 사용하는 것은 진행파관이다.

10 초고주파 발진기에 대한 설명 중 옳지 않은 것은?

① 파장이 $1 \sim 10$[cm]이다.

② $3 \sim 30$[GHz] 정도의 주파수를 갖는다.

③ 쌍극성 집합 트랜지스터를 이용하였다.

④ 직류로서 가속한 전자의 운동 에너지를 고주파 에너지로 변환시킨 것이다.

> ＊NOTE＊ ③ 쌍극성 집합 트랜지스터를 이용한 회로는 LC 발진회로 중 동조형 발진회로이다.

11 다음 중 멀티바이브레이터에 대한 설명으로 옳은 것은?

① 펄스를 발생한다.　　　　　　　　② 사인파 발진회로이다.

③ 고차의 고조파를 포함하고 있다.　　④ 회로가 간단하다.

✳ **NOTE** ✳ 멀티바이브레이터 … 트랜지스터로 만든 2단 접속의 저항 결합 증폭기로 비사인파 발진회로이며, 고차의 고조파를 포함하고 있다. 출력을 입력 측에서 정되먹임시킴으로써 ON, OFF 교환발진을 반복하도록 한 발진기이다.

12 다음 중 초음파 발진기에 가장 많이 사용하는 발진회로는?

① 수정 발진회로　　　　　　　　　② LC 발진회로

③ 음차 발진회로　　　　　　　　　④ 자기 일그러짐 발진회로

✳ **NOTE** ✳ ④ 자기 일그러짐 현상으로 강한 진동을 발생시킬 수 있다.
　　　　　※ 정현파 발진기
　　　　　　㉠ 수정 발진회로
　　　　　　㉡ LC 발진회로

LC 발진회로

1 하틀리형 발진회로에서 컬렉터와 에미터 사이의 리액턴스는?

① 저항성   ② 유도성

③ 용량성   ④ 유도성 또는 용량성

＊**NOTE** ＊ 하틀리 발진회로는 유도성일 때, 콜피츠 발진회로는 용량성일 때 가장 안정하게 발진한다.

2 하틀리 발진회로와 비교하여 콜피츠 발진회로의 장점으로 옳은 것은?

① 높은 주파수의 발진에 적합하다.

② 발진출력이 크다.

③ 발진 주파수를 간단히 변화시킬 수 있다.

④ 낮은 주파수의 발진에 적합하다.

＊**NOTE** ＊ 콜피츠 발진회로 … 발진 주파수의 파형이 좋고 인덕턴스를 작게 할 수 있어 높은 주파수를 얻을 수 있으므로 FM 수신기, TV 등의 초단파 발진회로에 사용한다.

3 다음 중 톱니파 발진회로와 관계 없는 것은?

① 멀티바이브레이터   ② 블로킹 발진기

③ UJT 발진기   ④ LC 발진기

＊**NOTE** ＊ ④ LC 발진기는 정현파 발진기이다.
    ※ 발진회로의 종류
        ㉠ **정현파** : LC 발진기, CR 발진기, 수정 발진기
        ㉡ **톱니파** : 멀티바이브레이터, 블로킹 발진기
        ㉢ **구형파** : 링 발진회로, 비안정 멀티바이브레이터, 사일리스터회로

4 에미터 접지 블로킹 발진회로에서 베이스회로의 콘덴서나 저항값을 크게 증가시켰을 때 발생하는 현상은?

① 발진이 멈춰버린다.

② 발진 주파수가 낮아진다.

③ 발진 주파수가 높아진다.

④ 발진 출력의 진폭이 증가한다.

※NOTE※ 블로킹 발진회로에 큰 콘덴서를 이용하거나 저항값을 크게 하면 시정수가 커지므로 발진 주파수가 낮아진다.

5 다음 중 초단파 발진기로 적합한 것은?

① CR 발진기   ② 콜피츠 발진기

③ 하틀리 발진기   ④ 음차 발진기

※NOTE※ 높은 주파수대 발진에 적합한 것은 콜피츠 발진회로이며 접합용량에 의한 이상이 생기지 않으므로 발진 주파수의 파형이 코일의 인덕턴스를 작게 할 수 있기 때문에 사용한다.

6 다음 발진기의 명칭은?

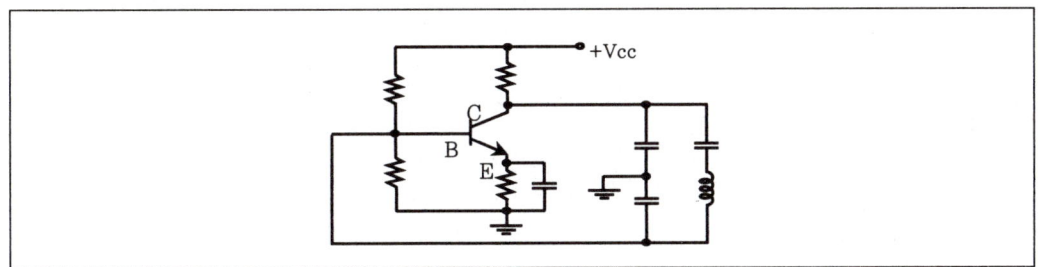

① 클랩 발진기   ② 콜핏츠 발진기

③ 하틀리 발진기   ④ 이완 발진기

※NOTE※ 클랩 발진기의 기본 회로도이다.

ANSWER – 1.② 2.① 3.④ 4.② 5.② 6.①

7 다음 그림에서 발진회로의 발진조건은?

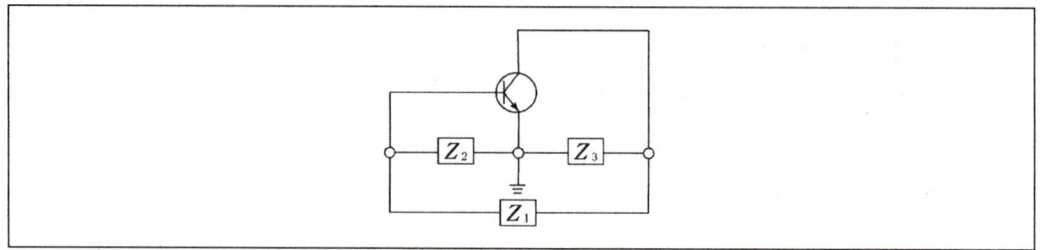

① Z_1 – 용량성, Z_2 – 용량성, Z_3 – 유도성
② Z_1 – 용량성, Z_2 – 유도성, Z_3 – 용량성
③ Z_1 – 유도성, Z_2 – 용량성, Z_3 – 용량성
④ Z_1 – 유도성, Z_2 – 용량성, Z_3 – 유도성

＊NOTE＊ 발진조건
　㉠ 하틀리 발진회로 : Z_1 – 용량성, Z_2 – 유도성, Z_3 – 유도성
　㉡ 콜피츠 발진회로 : Z_1 – 유도성, Z_2 – 용량성, Z_3 – 용량성

8 다음 그림의 발진회로 명칭으로 옳은 것은?

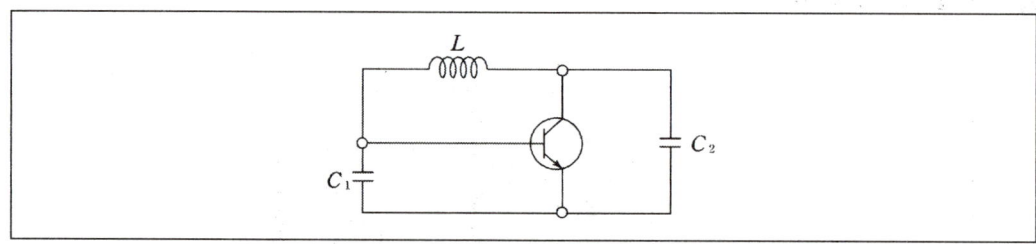

① 콜피츠 발진회로　　　　　　② 하틀리 발진회로
③ LC 발진회로　　　　　　　④ 컬렉터 동조회로

＊NOTE＊ 콜피츠 발진회로는 컬렉터와 베이스 사이를 유도성으로 구성하고 나머지 회로를 용량성으로 구성
한다.

9 하틀리형 발진회로에서 컬렉터와 베이스 사이의 리액턴스는?

① 저항성　　　　　　　　　　② 유도성
③ 용량성　　　　　　　　　　④ 유도성 또는 용량성

※ **NOTE** ※ 하틀리 발진회로
　　　　　　㉠ 컬렉터와 에미터 사이의 리액턴스 : 유도성
　　　　　　㉡ 베이스와 에미터 사이의 리액턴스 : 유도성
　　　　　　㉢ 베이스와 컬렉터 사이의 리액턴스 : 용량성

10 블로킹 발진기의 출력단에 큰 콘덴서를 달면 콘덴서 양단의 파형은?

① 충격파　　　　　　　　　　② 구형파

③ 사다리꼴파　　　　　　　　④ 톱니파

※ **NOTE** ※ 블로킹 발진기의 출력에 큰 콘덴서를 달면 주파수가 낮아지므로 펄스의 상승비율이 크고 폭이 좁은 펄스를 얻을 수 있다. 이 펄스에 출력이 큰 콘덴서를 장착하면 하강시에 시간이 길어지므로 늘어지는 톱니파를 얻을 수 있다.

11 다음 중 LC 발진회로에 해당하지 않는 것은?

① 하틀리 발진회로　　　　　　② 콜피츠 발진회로

③ 브리지 발진회로　　　　　　④ 컬렉터 동조 LC 발진회로

※ **NOTE** ※ ③ 브리지 발진회로는 RC 발진회로이다.
　　　　　　④ LC 동조회로가 콜렉터에 있는 회로를 컬렉터 동조형 회로라 한다. 발진의 원리는 하틀리 발진기와 같으며 발진 주파수 $f = \dfrac{1}{2\pi\sqrt{L_1 C_1}}$ [Hz]이다.
　　　　　　※ 발진회로의 종류
　　　　　　　㉠ LC 발진회로
　　　　　　　　• 3소자형 : 하틀리 발진회로, 콜피츠 발진회로
　　　　　　　　• 동조형 발진회로
　　　　　　　㉡ RC 발진회로
　　　　　　　　• 브리지 발진회로
　　　　　　　　• 이상형 발진회로
　　　　　　　　• 수정 발진회로

12 LC 발진회로에서 발진 주파수를 결정하는 요인으로 옳은 것은?

① L, C의 크기　　　　　　② 인가된 전원의 크기

③ L의 크기　　　　　　　　④ C의 크기

※ **NOTE** ※ LC 발진회로에서 발진 주파수는 L, C의 크기에 의해 결정한다.

ANSWER – 7.③ 8.① 9.③ 10.④ 11.③ 12.①

13 LC 발진회로의 발진 주파수의 연결이 잘못 짝지어진 것은?

① 하틀리 발진회로 $- f = \dfrac{1}{2\pi\sqrt{LC}}$

② 콜피츠 발진회로 $- f = \dfrac{1}{2\pi\sqrt{\dfrac{C_1 \cdot C_2}{C_1 + C_2} \cdot L}}$

③ 클랩 발진회로 $- f = \dfrac{1}{2\pi\sqrt{LC_3}}$

④ 동조형 발진회로 $- f = \dfrac{1}{2\pi}\sqrt{\dfrac{1}{L_1 C_1}}$

✻ **NOTE** ✻ 하틀리 발진회로의 발진 주파수 $f = \dfrac{1}{2\pi\sqrt{(L_1 + L_2 + 2M)C}}$

RC 발진회로

1 다음 중 이상(Phase Shift) 발진기에 대한 설명으로 옳지 않은 것은?

① 고주파 대역발진에 적합하다.

② RC 이상회로로 이루어져 있다.

③ 정되먹임을 이용한다.

④ 이상회로의 RC값을 크게 변화시키기 곤란하다.

　※ **NOTE** ※ 이상 발진기는 저항 R과 콘덴서 C로 되는 회로의 위상속도 또는 주파수 선택회로를 이용한 RC 발진회로로 저주파 발진기로 사용한다.

2 그림과 같은 이상적인 발진기에서 발진 주파수를 결정하는 소자는?

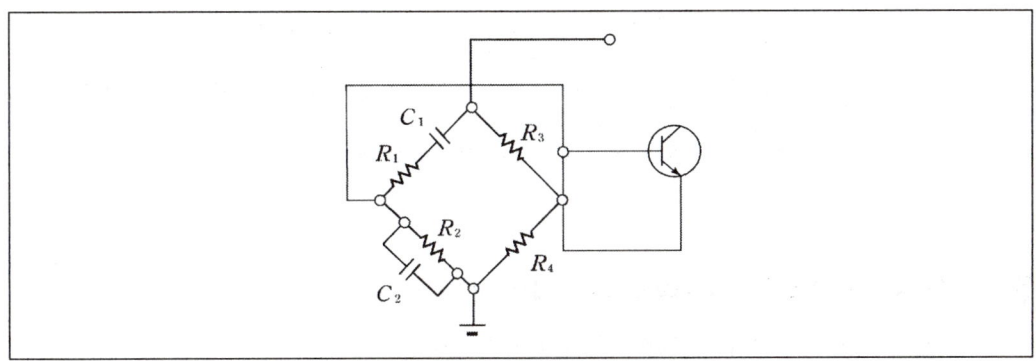

① R_3, R_4, C_1, C_2 ② C_1, C_2, R_1, R_2

③ C_1, R_1, R_2, R_3 ④ C_1, R_1

　※ **NOTE** ※ 빈 브리지회로의 주파수 $f = \dfrac{1}{2\pi\sqrt{C_1 C_2 R_1 R_2}}$ 이므로 발진 주파수는 C_1, C_2, R_1, R_2에 의해 결정된다.

○○ ANSWER – 13.① / 1.① 2.②

3 A인 증폭기에 되먹임률 β로 정되먹임을 걸 경우 발진이 이루어지는 조건은?

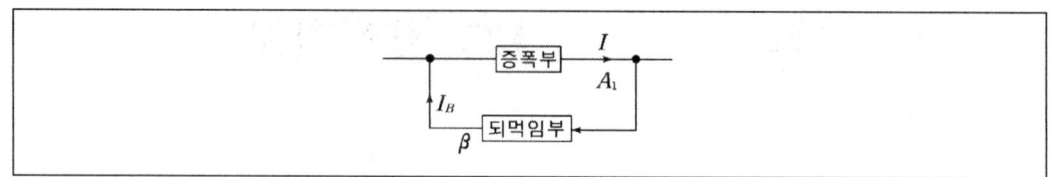

① $A\beta > 1$ ② $A\beta < 1$

③ $A\beta = 1$ ④ $A\beta = 0$

✳ NOTE ✳ 발진기가 발진을 하기 위해서는 $A\beta = 1$이어야 한다. 이 조건을 되먹임 발진기의 바크하우젠의 발진조건이라 한다.

$A\beta = $ 전류 되먹임비 × 증폭이득 $= 1$(발진조건)

4 다음 중 증폭작용을 하는 능동소자의 동작점을 A급으로 하여야 하는 발진회로는?

① 수정 발진기 ② 동조형 발진기

③ 비트 발진기 ④ 이상 발진기

✳ NOTE ✳ RC 발진회로에는 이상형 발진회로(Phase Shift Oscillator)와 빈 브리지형 발진회로가 있다. 그중 빈 브리지형 발진회로는 발진 주파수가 안정하고 A급으로 동작하므로 파형이 좋다.

① 수정편의 압전현상을 이용한 것으로 주위 온도의 영향을 거의 받지 않는다. 주파수 안정도가 높고 기계적 · 물리적으로 안정하다.

③ 비트 발진기는 비안정 멀티바이브레이터를 이용한 회로로 스위치에 의하여 발진을 정지시킬 수 있다.

④ CR 이상기(移相器)를 이용한 것이 이상 발진기이다.

5 다음 중 CR 발진기의 설명으로 옳지 않은 것은?

① C와 R을 사용하여 정되먹임에 의해 발진시킨다.

② 발진 주파수는 LC 동조 주파수로 결정된다.

③ CR 발진기는 이상형과 브리지형이 있다.

④ 음성 주파수 이하의 주파수 발진에 많이 사용한다.

✳ NOTE ✳ ② 발진 주파수는 RC 동조 주파수로 결정된다.

6 다음 중 저주파 발진회로에 널리 사용하는 회로는?

① 빈 브리지회로   ② LC회로

③ 크리스털회로   ④ 하틀리회로

> ✳**NOTE**✳ 저주파 발진회로에서 가장 많이 사용되는 회로는 빈 브리지(Wien-bridge) 발진회로이다.

7 저항과 캐패시터에 의해 위상이 이동할 때, 캐피시터 1개로 최대 90°의 위상을 지연시킬 수 있는 회로는?

① 이상형 발진회로   ② LC 발진회로

③ 초고주파 발진기   ④ 수정 발진회로

> ✳**NOTE**✳ 이상형 발진회로 … 위상차를 이용한 발진기로 캐피시터 1개는 최대 90°의 위상을 지연시킬 수 있다.

8 다음 중 RC 발진기에 대한 설명으로 옳은 것은?

① C 및 R로서 정되먹임을 이용하여 발진시키는 것이다.

② C 및 R로서 음되먹임을 이용하여 발전시키는 것이다.

③ 발진 주파수는 LC 동조 주파수로 결정한다.

④ 발진조건을 만족하는 유도성 주파수 범위가 대단히 좁다.

> ✳**NOTE**✳ ④ 수정 발진회로에 대한 설명이다.
> ※ RC 발진기 … 이상형과 브리지형으로 분류할 수 있으며, 이상형은 출력의 위상을 반전시켜 입력측에 되먹임시키고, 브리지형은 음되먹임회로에 평형 브리지를 이용하여 증폭시키고 정되먹임에 의해 정현파를 발진시키는 회로이다.

수정 발진회로

1 **수정 발진회로의 설명으로 옳은 것은?**

① 수정 진동자의 안정된 발진조건은 유도성 부분이다
② 발진 주파수의 안정도가 매우 높다.
③ 항온조를 사용하면 주파수의 변동을 방지한다.
④ 수정 진동자의 과도 현상을 이용한다.

> **✻ NOTE ✻** 수정 발진기 … 수정판의 압전 효과를 이용한 발진회로로 정확한 주파수를 유지하는 데 적합한 발진기이다. 발진 주파수의 범위가 한정되어 있으며 온도 변화에 의한 영향은 항온조를 사용하므로 적다.

2 **다음 중 압전 물질이 아닌 것은?**

① 수정   ② 로셀염
③ 티탄산 바륨   ④ 실리콘

> **✻ NOTE ✻** 압전 물질 … 결정판에 일정방향으로 압력을 가하면 판의 양면에 외력에 비례하는 전하가 나타나게 만드는 물질로 수정, 전기석, 로셀염, 티탄산 바륨, 인산이수소암모늄, 타르타르산에틸렌디아민 등이 있다.

3 **다음 중 수정 진동자에 대한 설명으로 옳지 않은 것은?**

① 수정을 얇게 잘라 전체면을 도금시킨 다음 리이드선을 붙인 것이다.
② 진동자 전극에 전압을 가하면 기계적인 일그러짐이 발생한다.
③ 전압을 가했다가 전압을 없애면 진동은 즉시 멈추게 되어 전하가 발생하지 않는다.
④ 수정 진동자 전극에 전압을 가하여 나타나는 전하를 LC 발진회로의 L 변화에 이용하면 주파수는 안정된 발진을 한다.

> **✻ NOTE ✻** 수동 진동자는 진동자 전극에 전압을 가하면 기계적인 일그러짐이 생겨 전압을 없애도 진동이 계속되면서 그 진동에 맞추어 전극에 전하가 나타나는 성질이 있다.

4 공진 주파수를 구하는 식으로 옳은 것은?

① $f = \dfrac{1}{\sqrt{LC}}$ 　　　　② $f = \dfrac{1}{2\pi\sqrt{LC}}$

③ $f = \dfrac{1}{2\pi LC}$ 　　　　④ $f = \dfrac{2\pi}{LC}$

> ※**NOTE**※ 수정 진동자
> 　ⓐ 직렬공진 주파수 $f = \dfrac{1}{2\pi\sqrt{LC}}$
> 　ⓑ 병렬공진 주파수 $f = \dfrac{1}{2\pi\sqrt{L\left(\dfrac{C_0 C_1}{C_0 + C_1}\right)}}$

5 수정 발진기에서 주파수 변동의 원인으로 볼 수 없는 것은?

① 주위 온도의 변화 　　　　② 전력 증폭성의 불량

③ 발진기 부하의 변동 　　　　④ 전원전압의 변동

> ※**NOTE**※ 수정발진기의 주파수 변동 원인
> 　ⓐ 부하의 변동
> 　ⓑ 기계적인 변동
> 　ⓒ 전원전압의 변동
> 　ⓓ 양극회로의 조정 불량
> 　ⓔ 주위 온도의 변화에 의한 수정편의 신축 변형
> 　ⓕ 수정 공진자나 부품의 온도, 습도 등에 의한 영향

6 다음 중 압전 현상을 이용한 발진기로 송수신기나 표준용의 측정기 등에 사용하는 것은?

① 하틀리 발진회로 　　　　② 콜피츠 발진회로

③ 브리지 발진회로 　　　　④ 수정 발진회로

> ※**NOTE**※ 압전 현상 … 수정에 기계적인 압력을 가하면 표면에 전하가 나타나 전압이 발생하고 외부에서 전하를 갖도록 전장을 가하면 기계적인 변형을 일으키는 현상이다.
> 　※ 발진회로의 종류
> 　　ⓐ LC 발진회로 : 하틀리 발진회로, 콜피츠 발진회로
> 　　ⓑ RC 발진회로 : 브리지형 발진회로
> 　　ⓒ 수정 발진회로

ANSWER – 1.④ 2.④ 3.③ 4.② 5.② 6.④

7 수정 발진기는 어떤 현상을 이용한 것인가?

① 인입 현상   ② 압전 효과

③ 플라이휠 효과   ④ 반 결합

> ✴ **NOTE** ✴ 수정 발진기는 압전 효과(Piezo Effect)를 이용한 것으로 수정편이 얇을수록 고주파 발진에 용이
> 하다.

8 수정 발진기의 주파수 안정도가 양호한 이유로 옳지 않은 것은?

① 수정편의 Q가 매우 높다.

② 수정 진동자는 기계적으로나 물리적으로 안정하다.

③ 수정 부분의 발진조건을 만족시키는 유도성 주파수 범위가 매우 좁다.

④ 부하변동의 영향을 전혀 받지 않는다.

> ✴ **NOTE** ✴ ④ 부하변동에 의해 영향을 받아 발진 주파수의 변동원인이 된다.
> ※ 수정 발진기의 특징
>   ㉠ Q가 매우 높다.
>   ㉡ 기계적 · 물리적으로 안정하다.
>   ㉢ 유도성 주파수 대역폭이 매우 좁다.
>   ㉣ 온도변화에 의한 대책으로 항온조를 사용한다.
>   ㉤ 부하변동을 방지하기 위해 완충증폭기를 설치한다.

9 수정 발진기에서 안정한 발진을 유지할 수 있는 주파수의 범위는? (단, 수정 공진자만의 직렬공진 주파수 : f_s, 홀더 용량을 포함한 병렬공진 주파수 : f_p)

① $f < f_s < f_p$ ② $f_s < f < f_p$

③ $f_s < f_p < f$ ④ $f_p < f < f_s$

> ✴ **NOTE** ✴ 수정 발진기의 유도성 … 수정의 전기적인 등가회로에서 직렬공진과 병렬공진 특성이 다같이 유도
> 성이 되는 좁은 범위 내에서 안정한 발진을 계속 유지할 수 있다.
>
>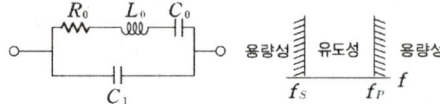
>
> $f_s < f < f_p$ (f_s : 직렬공진 주파수, f_p : 병렬공진 주파수)

10 수정 발진기의 특징을 옳게 나타낸 것은?

① 수정편은 기계적으로 불안정한 점을 이용한 것이다.

② 수정편의 Q는 매우 낮기 때문에 진동 주파수가 일정하다.

③ 수정 부분의 발진조건을 만족시키는 유도성 주파수 범위가 매우 좁다.

④ 수정 진동자는 온도의 변화에 전혀 영향을 받지 않는다.

    ✳NOTE✳ ① 수정편은 기계적으로 안정하다.
                ② 수정편의 Q는 매우 높기 때문에 주파수 안정도가 높다.
                ④ 수정 진동자는 주위 온도의 변화에 영향을 작게 받는다.

11 보통 발진회로에 많이 사용하는 수정의 전기적 등가회로로 옳은 것은?

① 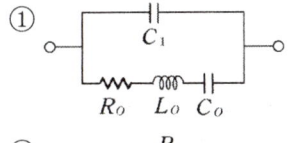   ②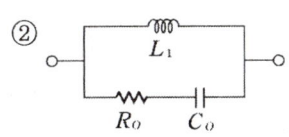

③ 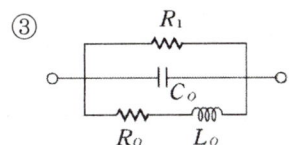   ④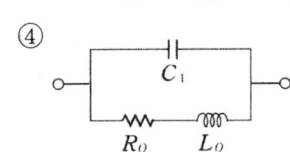

    ✳NOTE✳ 수정 발진자의 등가회로 및 리액턴스

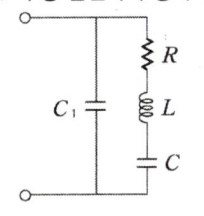   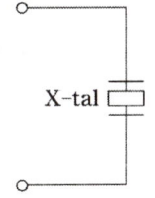   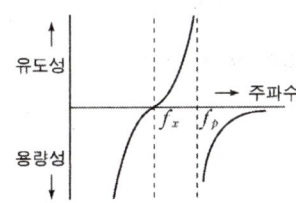

12 피어스 BE 수정 발진기는 컬렉터회로의 임피던스가 어떻게 될 때 가장 안정된 발진을 계속 하는가?

① 유도성   ② 용량성

③ 저항성   ④ 공진점에서 무한대

     ❋ **NOTE** ❋ 피어스 BE 수정 발진기 ⋯ 수정편을 베이스와 에미터 사이에 둔 회로로 하틀리 발진회로와 비슷하 다. 컬렉터 동조회로의 임피던스는 유도성이 되도록 한다.

13 다음 회로의 명칭은?

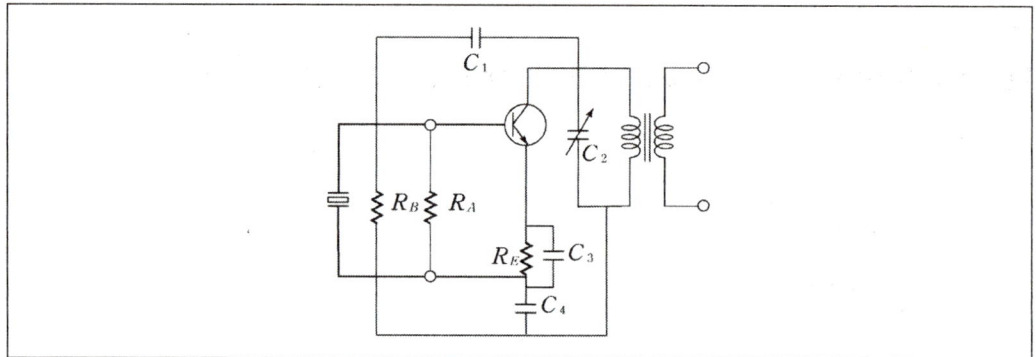

① 피어스 CB형 발진회로   ② 피어스 BE형 발진회로

③ 하틀리 발진회로   ④ 콜피츠 발진회로

     ❋ **NOTE** ❋ 베이스와 에미터 사이에 수정편이 있으므로 BE형 발진회로이다.

14 다음 중 압전 효과를 이용한 것이 아닌 것은?

① 수정 발진기   ② 크리스탈 픽업

③ 초음파 발진기   ④ 자속계

    ❋ **NOTE** ❋ 압전 효과(Piezo Dffect)

        ⊙ Piezo 전기 직접효과 : 결정체에 기계적 압력을 가하면 어떤 방향으로 기전력이 발생하는 것이다.

        ⓛ Piezo 전기 역효과 : 어느 방향으로 기전력을 가하면 결정체가 일그러지는 것이다.

        ⓒ 압전 효과를 이용한 기기 : 마이크로폰, 크리스탈 픽업, 초음파 발진기, 수정 발진기, 결정 스피커 등이 있다.

15 수정 발진회로가 가지는 특성으로 옳은 것은?

① 발진 주파수의 안정   ② 잡음의 감소

③ 효율의 감소   ④ 출력전압의 증대

    ❋ **NOTE** ❋ 수정 발진회로는 수정 발진자의 Q가 크기 때문에 발진 주파수가 안정하다.

ANSWER – 12.①   13.②   14.④   15.①

변·복조 회로

01. 진폭 변조

02. 주파수 변조 · 위상 변조 · 펄스 변조

03. AM 검파회로

04. FM 검파회로

진폭 변조

1 다음 중 DSB 방식이 SSB 방식과 다른 점으로 옳지 않은 것은?

① 송수신 장치가 비교적 간단하다.　② 소비전력이 크다.
③ 비교적 대역폭이 높다.　④ S/N비가 SSB 방식보다 개선됐다.

　　❋ NOTE ❋ ④ DSB 방식은 S/N비(신호대 잡음비)가 SSB 방식보다 좋지 않다.

2 신호 주파수가 5[kHz], 최대 주파수 편이가 20[kHz]이면, 변조지수는?

① 2　② 3
③ 4　④ 5

　　❋ NOTE ❋ $m_f = \dfrac{\text{최대 주파수 편이}}{\text{변조주파수}} = \dfrac{20}{5} = 4$

3 반송파 1,500[kHz]를 5[kHz]의 변조 신호파로 진폭 변조했을 때 생기는 대역폭은 얼마인가?

① 2.5[kHz]　② 5[kHz]
③ 7.5[kHz]　④ 10[kHz]

　　❋ NOTE ❋ 주파수 대역폭 $B = f_2 - f_1 =$ 이므로
　　　　　$f_1 = 1,500 - 5 = 1495, \ f_2 = 1,500 + 5 = 1,505$
　　　　　$B = 1,505 - 1,495 = 10[\text{kHz}]$

4 진폭 변조에서 변조를 깊게 하면 나타나는 현상으로 옳은 것은?

① 반송파가 커진다.　② 대역폭이 넓어진다.
③ 대역폭이 좁아진다.　④ 변조파의 주파수 특성이 좋아진다.

　　❋ NOTE ❋ 변조도의 깊고 얕음에 대하여 반송파는 무관하며 변조파 전력, 출력파형, 대역폭 등에 관계가 된
　　　　　다. 100% 이상 변조를 했을 때를 과변조라고 하는데, 과변조 상태가 되면 대역폭이 넓어지고 변
　　　　　조파형의 일부가 어느 구간에서 잘려 일그러짐이 발생한다. 변조를 깊게 하면 검파된 저주파 출
　　　　　력은 커지게 된다.

5 진폭 변조에 대한 설명으로 옳은 것은?

① 진폭은 일정하고 반송파의 주파수가 변하는 것

② 진폭은 일정하고 반송파의 위상이 변하는 것

③ 주파수는 일정하고 진폭이 변하는 것

④ 주파수는 일정하고 위상이 변하는 것

✳**NOTE**✳ 진폭 변조 … 신호파에 따라 반송파의 진폭을 변화시키는 방식으로 반송파는 고주파이고 신호파는 보통 저주파를 쓴다. 따라서 이때 얻어진 피변조파도 고주파이다.

6 AM 변조에서 과변조를 하였을 때 일어나는 현상은?

① 왜율이 개선된다.　　　　　　　　② 주파수 대역폭이 넓어진다.

③ 주파수가 안정해진다.　　　　　　④ S/N비가 개선된다.

✳**NOTE**✳ 과변조($m > 1$)가 되면 피변조파의 측파대가 증가하며, 점유 주파수의 대역폭이 넓어진다.

7 SSB 통신이란 무엇인가?

① 반송파와 상측파대의 전송

② 상측파대와 하측파대의 전송

③ 반송파와 하측파대의 전송

④ 상측파대 혹은 하측파대의 전송

✳**NOTE**✳ SSB(Signal Side Band) … 진폭 변조에 의한 상·하측파 중 한쪽만을 이용하는 방식이다.

8 4[KHz]의 정현파 신호로 20[MHz]의 반송파를 주파수 변조할 때 소요 주파수 대역폭은? (단, 변조지수＝4)

① 16　　　　　　　　　　　　　　② 32

③ 40　　　　　　　　　　　　　　④ 80

✳**NOTE**✳ $B = 2(\Delta f_c + f_s) = 2f_s(m_f + 1) = 2 \cdot 4(4 + 1) = 40$

ANSWER - 1.④ 2.③ 3.④ 4.② 5.③ 6.② 7.④ 8.③

9 다음 중 연속파 변조가 아닌 것은?

① 진폭 변조

② 펄스 변조

③ 주파수 변조

④ 위상 변조

❋ **NOTE** ❋ 연속파 변조는 정현파 반송이므로 종류로는 진폭 변조(AM), 주파수 변조(FM), 위상 변조(PM)
등이 있다.

10 진폭 변조에서 변조 입력전압에 따라 변동하는 것은?

① 입력파의 전압

② 입력파의 전류

③ 반송파의 진폭

④ 반송파의 주파수

❋ **NOTE** ❋ 진폭 변조 … 반송파의 진폭을 신호파의 진폭에 따라 변화하게 하는 방법이다.

11 에미터 변조회로에 대한 설명 중 옳지 않은 것은?

① 베이스 접지형 에미터 변조회로는 높은 주파수까지 사용할 수 있다.

② 베이스 접지형 에미터 변조회로는 반송파와 신호파가 모두 에미터에 입력되어 있다.

③ 베이스 접지형 에미터 변조회로는 큰 신호파 입력이 필요하게 된다.

④ 베이스 접지형 에미터 변조회로는 출력이 입력의 제곱에 비례한다.

❋ **NOTE** ❋ ④ 제곱 변조회로에 대한 설명이다.
   ※ 제곱 변조회로의 특성 … 출력이 입력의 제곱에 비례한다.

12 컬렉터 변조회로에 비해 베이스 변조회로의 이점은?

① 작은 변조 전력을 필요로 한다.

② 출력이 컬렉터 변조회로보다 작다.

③ 효율이 좋다.

④ 직선성이 좋다.

❋ **NOTE** ❋ 베이스 변조회로의 특징
   ㉠ 장점 : 베이스 신호로 출력을 제어하므로 컬렉터 변조회로에 비해 훨씬 적은 변조전력을 필요
   로 한다.
   ㉡ 단점
   • 출력은 컬렉터 변조회로의 약 25%이다.
   • 효율이 좋지 않다.
   • 직선성이 나쁘다.

13 반송파를 제거하기 위한 변조방식은?

① 진폭 변조   ② 펄스 변조

③ 평형 변조   ④ 위상 변조

❊ NOTE ❊ 평형 변조 … 반송파를 제거하고 측대파만을 꺼내는 변조방식이다. 보통 AM방식은 반송파와 상·하 양측대파를 동시에 송출하게 되면 피변조파 전력의 대부분을 반송파가 차지하여 큰 전력이 소비된다. 따라서 한쪽 측대파를 제거하고 나머지 한쪽 측대파만을 사용하는 SSB 방식에서는 링 변조기나 평형 변조기를 사용하여 반송파를 제거하고 대역 여파기로 한쪽 측대파만 꺼내어 SSB 통신을 하게 된다. 이와 같이 반송파를 제거시키는 변조방식을 말한다.

14 다음 그림과 같은 변조회로의 설명 중 옳지 않은 것은?

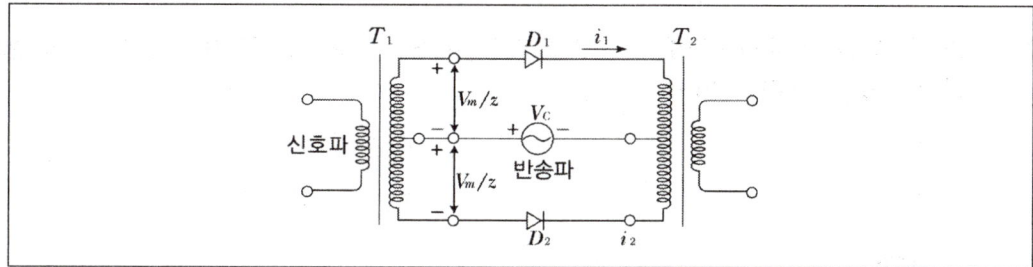

① 신호파가 입력되지 않은 경우 출력이 나타나지 않는다.

② 제곱 특성을 가진 다이오드에 의해 출력이 얻어진다.

③ 반송파 성분은 포함되어 있지 않다.

④ 반송파가 (−)인 경우 다이오드를 통해 전류가 흐른다.

❊ NOTE ❊ 다이오드 평형 변조회로를 나타낸 것이다.
반송파가 (−)인 경우 다이오드를 통해 전류가 흐를 수 있는 것은 링 평형 변조회로이다.

15 다음 중 평형 변조회로에 대한 설명으로 옳지 않은 것은?

① SSB 통신방식에서 사용한다.

② 반송파가 없는 상·하측파의 출력을 목적으로 한다.

③ 출력 측에 나타난 양측파대 중 필터를 사용해 하나의 측파대를 제거한 후 사용한다.

④ 진폭 변조회로의 종류가 아니다.

❊ NOTE ❊ 진폭 변조회로에는 직선 변조, 제곱 변조, 평형 변조방식이 있다.

16 제곱 변조회로에 대한 설명 중 옳은 것은?

① 출력신호의 일그러짐이 작다.

② 베이스 변조회로의 바이어스를 조절해 제곱 변조를 할 수 있다.

③ 능동소자의 특성곡선 상의 직선성을 이용한다.

④ 큰 변조전력을 필요로 한다.

> ※ NOTE ※ ① 출력신호의 일그러짐은 크다.
> ③ 능동소자의 특성 곡선상의 비직선성을 이용한다.
> ④ 작은 변조전력을 필요로 한다.
> ※ 제곱 변조회로 … 특성이 비직선적인 소자 혹은 증폭기에 반송파와 더불어 신호파를 가해 주게
> 되면 출력측에는 그 진폭이 신호파의 제곱에 가까운 출력신호가 얻어진다.

17 진폭 변조에서 반송파 전력을 P_c, 피변조파 전력을 P_m 이라고 할 때, P_m 과 P_c 의 관계는? (단, 변조도는 1이라고 한다)

① $P_m = P_c$ ② $P_m = 0.5 P_c$

③ $P_m = 2 P_c$ ④ $P_m = 1.5 P_c$

> ※ NOTE ※ $P_m = P_c \left(1 + \dfrac{m^2}{2}\right) = 1.5 P_c$

18 다음 그림에서 피변조파의 변조도는?

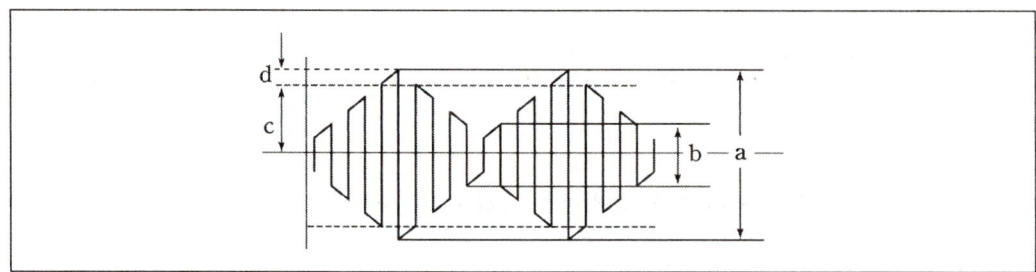

① $\dfrac{b}{a}$ ② $\dfrac{a-b}{a}$

③ $\dfrac{a-b}{a+b}$ ④ $\dfrac{b-a}{a+b}$

> ※ NOTE ※ $m_a = \dfrac{변조파진폭}{반송파진폭} = \dfrac{d}{c} = \dfrac{\dfrac{a-b}{4}}{\dfrac{a+b}{4}} = \dfrac{a-b}{a+b}$

19 다음 회로의 명칭은?

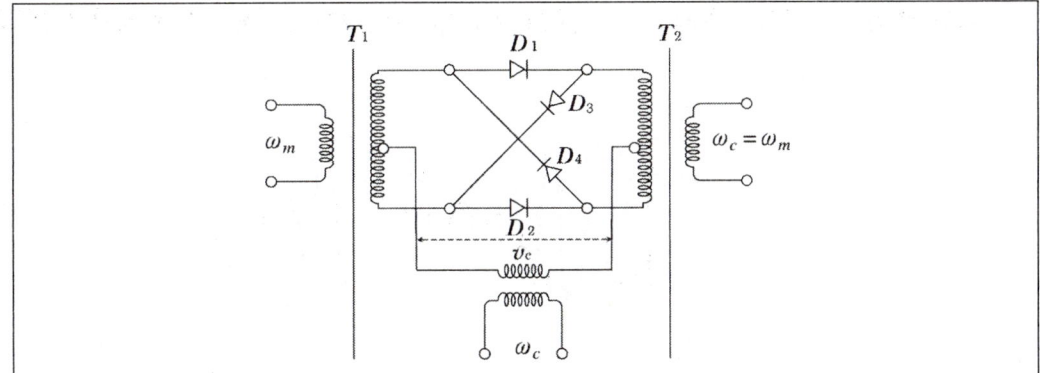

① 다이오드 평형 변조회로　　　　　② 링 평형 변조회로

③ 이미터 변조회로　　　　　　　　④ 제곱 변조회로

　❈ **NOTE** ❈ 링 평형 변조회로를 나타낸 것이다.

20 링 변조회로의 설명 중 옳지 않은 것은?

① 링 변조기에 변조파만을 가하여도 출력에는 변조 신호가 나타난다.

② 반송파 성분이 없으므로 단측파대(SSB)를 얻기 위한 변조기로 사용한다.

③ 복조기로 사용할 수 있다.

④ 다이오드 평형 변조회로와 동작원리는 비슷하나, 다이오드를 통해 전류가 흐를 수 있다.

　❈ **NOTE** ❈ ① 링 변조회로는 변조파와 반송파가 동시에 인가될 때 변조 신호를 발생한다.

21 AM 변조시 신호파의 주파수가 f_m 으로 고정되어 있는 경우 대역폭은?

① f_m　　　　　　　　　　　　② $2f_m$

③ $\dfrac{1}{3}f_m$　　　　　　　　　　　④ $\dfrac{1}{4}f_m$

　❈ **NOTE** ❈ AM 변조시 대역폭은 하측파에서 상측파까지의 구간을 나타낸다.

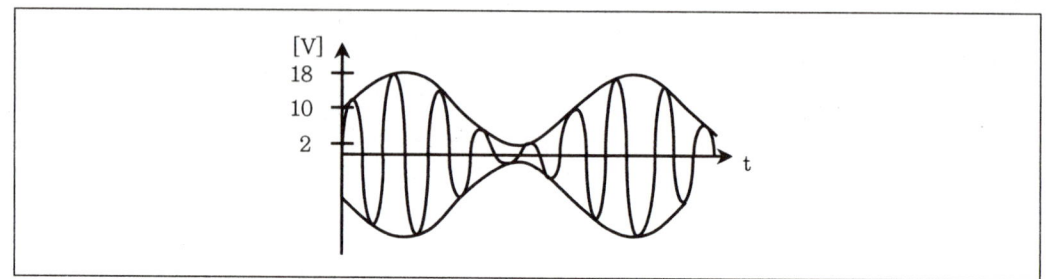

22 다음 그림은 AM 변조된 DSB-LC(Double-Side-Band Large-Carrier) 파형이다. 변조 지수 (modulation index)를 m이라 하고, 총 송신 전력 중 캐리어가 차지하는 전력의 비율을 R이 라고 할 때, m과 R을 구하면? (단, 그림에서 캐리어 주파수는 신호보다 매우 높다고 가정한다)

	m	R		m	R
①	0.8	$\dfrac{2}{m^2+2}$	②	1.6	$\dfrac{2}{m^2+2}$
③	0.8	$\dfrac{m^2}{m^2+2}$	④	1.6	$\dfrac{m^2}{m^2+2}$

❋NOTE❋ 변조지수 m은 $m = \dfrac{A-B}{A+B} \times 100 = \dfrac{36-4}{36+4} \times 100 = \dfrac{32}{40} \times 100 = 0.8$

R은 $R = \dfrac{2}{m^2+2}$

23 일정한 진폭을 가진 반송파 $A\cos(\omega_c t + \phi)$가 신호파 $\cos(p_t + \theta)$에 의해 진폭 변조될 때 피 변조파에 나타나지 않는 주파수 성분은?

① 상측파대 $(\omega_c + \omega_m)$　　　　　　② 반송파 (ω_c)

③ 하측파대 $(\omega_c - \omega_m)$　　　　　　④ 신호파 (ω_m)

❋NOTE❋ 피변조파는 반송파 이외의 각주파수가 ω_c로부터 상·하로 ω_s(변조 주파수)만큼 떨어진 2개의 측 파로 구성된다.

24 80%로 진폭 변조된 피변조 반송파를 오실로스코프로 관찰한 결과 최대 진폭이 54[mm]이었 다. 변조 신호파가 정현파일 때 최소 진폭은 어떻게 되겠는가?

① $\dfrac{3}{5}$[cm]　　　　　　　　　　② $\dfrac{5}{3}$[cm]

③ $\dfrac{4}{5}$[cm]　　　　　　　　　　④ $\dfrac{5}{4}$[cm]

※ NOTE ※ $m = \dfrac{A-B}{A+B} \times 100$ 에 대입하면 $80 = \dfrac{54-B}{54+B} \times 100$

B에 대하여 정리하면 $80(54+B) = (54-B) \times 100$

$4,320 + 80B = 5,400 - 100B$

$180B = 1,080$

$B = 6[\text{mm}] = 0.6[\text{cm}]$

---

25 진폭 변조의 피변조파에서 상측파의 진폭과 반송파의 진폭관계는? (단, M : 변조도)

① $\dfrac{M}{4}$ [배]

② $\dfrac{M}{2}$ [배]

③ $\dfrac{M}{6}$ [배]

④ M[배]

※ NOTE ※ 진폭 변조의 피변조파는 반송파 이외에 상·하 신호의 각 주파수만큼 떨어진 2개의 측파로 구성 된다.

---

26 어떤 진폭 변조파의 방정식이 다음과 같이 표시되는 경우 이 전파의 상측파대 주파수와 변조 도는?

$$V_{AM} = (10 + 6\cos 2\pi \times 10^3 t)\cos 2\pi \times 10^6 t$$

① 1,001[kHz], 50[%]

② 999[kHz], 60[%]

③ 1,001[kHz], 60[%]

④ 999[kHz], 50[%]

※ NOTE ※ 변조도 $m = \dfrac{V_m}{V_c} = \dfrac{6}{10} = 0.6$ ∴ 60[%]

반송파 성분은 $2\pi \times 10^6 t$ 에서 $f_c = 1[\text{kHz}]$

변조파 성분은 $2\pi \times 10^3 t$ 에서 $f_m = 1[\text{kHz}]$

그러므로 상측파대 주파수는 $f_c + f_m$ 이므로 $1 + 1,000 = 1,001[\text{kHz}]$

---

27 단일 주파수의 신호로 AM 변조시 나타나는 측대파 주파수의 수는?

① 1개

② 2개

③ 3개

④ 무수히 많다.

※ NOTE ※ 진폭 변조시 피변조파의 주파수 성분은 반송파, 상측대파, 하측대파의 3개 성분으로 되어 있다. 단일 신호 주파수로 진폭 변조시 피변조파의 측대파수는 $(f_c + f_s)$ 와 $(f_c - f_s)$ 2개다.

🔗 ANSWER - 22.① 23.④ 24.① 25.② 26.③ 27.②

28 진폭 변조에서 반송파 전력을 P_c, 변조도를 m_a라 할 때 피변조파 전력 P_m을 나타내는 식은?

① $P_m = P_c$

② $P_m = P_c \left(1 + \dfrac{m_a{}^2}{2} \right)$

③ $P_m = P_c \left(1 + \dfrac{m_a{}^2}{4} \right)$

④ $P_m = P_c + \dfrac{m_a{}^2}{4}$

❋ NOTE ❋ $P_m = P_c \left(1 + \dfrac{m_a{}^2}{2} \right)$ 이 된다. 안테나 복사저항을 R_a라 하면

반송파 전력$(P_c) = \dfrac{\left(\dfrac{V_c}{\sqrt{2}} \right)^2}{2R_a} = \dfrac{V_c{}^2}{2R_a}$

상측대파 전력$(P_U) = \dfrac{\left(\dfrac{m_a V_c}{2\sqrt{2}} \right)^2}{R_a} = \dfrac{m_a{}^2 V_c{}^2}{8R_a}$

하측대파 전력$(P_L) = \dfrac{m_a{}^2 V_c{}^2}{8R_a}$

따라서 피변조파 전력$(P_m) = P_c + P_U + P_L = \dfrac{V_c{}^2}{2R_a} + \dfrac{m_a{}^2 V_c{}^2}{8R_a} + \dfrac{m_a{}^2 V_c{}^2}{8R_a}$

$= \dfrac{V_c{}^2}{2R_a} \left(1 + \dfrac{m_a{}^2}{4} + \dfrac{m_a{}^2}{4} \right) = P_c \left(1 + \dfrac{m_a{}^2}{2} \right)$

29 100[%] AM 변조일 때 안테나 전류가 10[A](실효값)이었다면 피변조파만 공급될 경우 몇 [A]가 되겠는가?

① 8.16

② 5

③ 2.5

④ 1

❋ NOTE ❋ 진폭 변조에 있어서 변조파 I_m 과 피변조파, 즉 반송파 I_c 와의 사이에는 다음의 관계가 있다.

$\dfrac{I_m}{I_c} = \sqrt{1 + \dfrac{m^2}{2}}$

$\therefore I_c = \dfrac{I_m}{\sqrt{1 + \dfrac{m^2}{2}}}$

여기에 변조도 ($m = 1$) 및 $I_m = 10$[A]를 대입하여 계산하면

$I_c = \dfrac{10}{\sqrt{1 + \dfrac{1}{2}}} = \dfrac{10}{1.225} ≒ 8.16$[A]

02 주파수 변조 · 위상 변조 · 펄스 변조

1 변조의 효과에 대한 설명 중 옳지 않은 것은?

① 잡음을 감소시킬 수 있다.

② 안테나 길이의 축소가 가능하다.

③ 다중 통신이 가능하다.

④ 한 개의 안테나로 여러 개의 주파수 수신이 가능하다.

> ✳ **NOTE** ✳ 변조의 효과
> ㉠ 변조 없이 가청 주파수 신호 전송시 안테나의 길이는 대단히 길어지므로 안테나 길이를 축소한다.
> ㉡ 다중통신을 가능하게 한다.
> ㉢ 통신로에 혼입되는 잡음과 간섭을 줄인다.
> ㉣ 회로 소자의 단순화, 시스템의 소형화가 가능하다.

2 신호 레벨을 일정한 계단파에 근사화시켜 레벨이 커져 갈 때에는 양의 펄스로 바꾸고, 작아져 갈 때에는 음의 펄스로 바꾸는 변조방식은?

① PAM ② PWM

③ PPM ④ ΔM

> ✳ **NOTE** ✳ 펄스 변조회로의 종류
> ㉠ 연속 레벨 변조
> • PAM : 신호파의 진폭으로 펄스파의 진폭을 변화
> • PWM : 신호파의 진폭으로 펄스의 폭을 변화
> • PPM : 신호파의 진폭으로 펄스위상을 변화
> • PFM : 신호파의 진폭으로 펄스 주파수를 변화
> ㉡ 불연속 레벨 변조
> • PNM : 신호파의 진폭을 일정 시간 내의 펄스 수로 변화
> • PCM : 신호파의 진폭을 일정 시간내의 펄스 열로 변화
> • ΔM : 신호파를 계란파로 근사화시켜 증가할 경우 양의 펄스, 감소할 경우 음의 펄스를 발생시켜 변화

⊗ ANSWER – 47.④ 48.③ / 1.④ 2.④

3 주파수 변조방식이 VHF대 이상의 통신에 사용되는 주된 이유는?

① 점유 주파수 대역폭이 넓기 때문에 ② 가시거리 전송을 해야 하므로

③ 다른 방식으로는 변조가 곤란하기 때문에 ④ 변조회로가 간단하므로

    ✳ NOTE ✳ 주파수 변조방식(FM)은 주파수 대역폭을 넓게 취할 수 있기 때문에 VHF 및 그 이상의 주파수 영역에서 많이 사용한다.

4 최고 주파수가 20[kHz]인 신호파를 표본화하여 펄스 변조하고자 할 때, 표본화 주파수의 최소 주기[μs]는?

① 25[μs] ② 50[μs]

③ 75[μs] ④ 100[μs]

    ✳ NOTE ✳ $T = \dfrac{1}{2f_m} = \dfrac{1}{2 \times 20 \times 10^3} = 25\,[\mu s]$

5 펄스 부호 변조(PCM)과 직접적인 관계가 없는 것은?

① 등화기(equalizer) ② 부호화기(encoder)

③ 양자화기(quantizer) ④ 표본기(sampler)

    ✳ NOTE ✳ 펄스 부호 변조
      ㉠ 표본화회로 : 신호파의 진폭에 펄스의 진폭이 비례하는 PAM파를 만들어 내는 PAM 변조기이다.
      ㉡ 양자화회로 : PAM파의 각 펄스 값을 주어진 레벨수로 나누는 회로, 연속적인 신호를 이산적인 신호로 변환하여 양자화회로라 한다.
      ㉢ 부호화회로 : 양자화된 각각의 레벨값을 하나의 2진 부호로 변환하는 회로이다.
      ※ 변조 과정
        신호파 → [표본화회로] → [양자화회로] → [부호화회로] → PCM파

6 어떤 신호 S의 크기가 1[V]이고 이 신호에 포함된 잡음 N의 크기가 1[mA]일 때 S/N비는 얼마인가?

① 3[dB] ② 30[dB]

③ 60[dB] ④ 100[dB]

    ✳ NOTE ✳ 신호 잡음비 $20\log\dfrac{S}{N} = 20\log\dfrac{1}{1 \times 10^{-3}} = 60\,[dB]$

7 펄스 변조방식으로 신호레벨에 따라 펄스의 위상을 변화시키는 변조방식은?

① PAM
② PPM
③ PWM
④ PNM

❋NOTE❋ ① 신호레벨에 따라 펄스의 진폭을 변화시키는 변조방식이다.
③ 신호레벨에 따라 펄스의 폭을 변화시키는 변조방식이다.
④ 신호레벨을 일정시간 내에 펄스 수로 변화시키는 변조방식이다.

8 주파수 변조방식을 진폭 변조방식과 비교했을 때의 특징으로 옳지 않은 것은?

① S/N비가 좋아진다.
② 에코의 영향이 많아진다.
③ 초단파대의 통신에 적합하다.
④ 점유 주파수 대역폭이 넓다.

❋NOTE❋ 주파수 변조방식 … 반송파의 주파수를 변조파의 진폭에 따라 변화시키는 방식이다.
※ 주대수 변조방식의 특징
㉠ 넓은 주파수 대역을 필요로 하므로 초단파대에 사용한다.
㉡ S/N비가 개선된다.
㉢ 페이딩에 대한 영향이 적고 잡음이 적다.

9 FM이 AM에 비해 S/N비가 좋은 원인은 무엇인가?

① 리미터의 사용
② 클리퍼의 사용
③ 깊은 변조
④ 넓은 점유 주파수 대역폭

❋NOTE❋ 리미터(진폭 제한기)를 사용하므로 잡음이 제거되기 때문이다.

10 다음 중 FM 변조기로 적당한 것은?

① 진행파관
② 마그네트론
③ 빔 출력관
④ 리액턴스관

❋NOTE❋ 리액스턴관 … 직접 FM 변조회로의 한 종류로 리액턴 트랜지스터, 가변용량 다이오드, 압분철심 등의 소자들이 유도성 또는 용량성회로를 구성하여 LC 발진기, 공진회로의 리액턴스를 직접 신호파에 비례하도록 하여 주파수를 변조시킨다.

ANSWER – 3.① 4.① 5.① 6.③ 7.② 8.② 9.① 10.④

11 FM 변조방식의 특징으로 옳은 것은?

① 점유 주파수 대역폭이 넓다.　　② 레벨의 변동 영향이 적다.

③ Echo 및 Fading의 영향이 적다.　　④ 잡음지수(S/N)가 개선된다.

> ✽ NOTE ✽ FM 변조방식의 특징
> ㉠ 잡음을 AM보다 감소시킬 수 있다.
> ㉡ 수신의 충실도를 향상시킬 수 있다.
> ㉢ 점유 주파수 대역폭이 크다.
> ㉣ 단파대역에 적합하지 않으며 약전계 통신에 적합하다.
> ㉤ 기기의 구성이 복잡하다.
> ㉥ 주파수 대역을 넓게 취할 수 있는 VHF 대역을 이용한다.
> ㉦ S/N비가 개선된다.

12 FM에 대한 설명으로 옳지 않은 것은?

① 중파대역에는 적합하지 않다.

② 잡음을 감소시킬 수 있다.

③ 수신의 질이 좋아진다.

④ 피변조 반송파의 점유 주파수 대역이 좁다.

> ✽ NOTE ✽ FM은 점유 주파수 대역폭이 넓기 때문에 VHF 이상의 변조방식에 사용한다.

13 다음 중 펄스 변조방식이 아닌 것은?

① PAM　　　　　　② PWM

③ PCM　　　　　　④ PPM

⑤ PMA

> ✽ NOTE ✽ 펄스 변조방식의 종류
> ㉠ PAM(Pulse Amplitude Modulation) : 신호파에 따라 펄스의 폭을 변화시킨다.
> ㉡ PWM(Pulse Width Modulation) : 펄스에 대한 주기 및 폭은 일정하게 하고, 펄스의 폭만을 입력 신호에 따라서 변화시키는 방식이다.
> ㉢ PCM(Pulse Code Modulation) : 신호파의 진폭을 양자화하고 그 양자화 된 값을 2진수로 표시하여 2진 부호에 따른 펄스를 만든다.
> ㉣ PPM(Pulse Position Modulation) : 펄스의 진폭과 시간의 폭은 일정하게 하고 반복 주파수가 일정한 펄스 위상만을 신호파의 진폭에 따라 변화시키는 변조방식으로 PPM은 펄스 위치를 변화시키므로 인접 채널과 누화를 일으킬 염려가 있으므로 채널수를 가능한 제한해야 한다.

14 제곱 변조에 관한 다음 설명 중 옳지 않은 것은?

① 베이스 변조회로가 여기에 속한다.

② 출력 신호파의 일그러짐이 크다.

③ 소전력 출력이 필요할 때에 이용한다.

④ 능동 소자의 특성 곡선의 직선성을 이용한다.

❋ NOTE ❋ 제곱 변조는 능동 소자의 전압, 전류 특성 곡선의 비직선 특성을 이용한다.

15 컬렉터 변조에 대한 설명으로 옳지 않은 것은?

① 피변조석의 컬렉터 전압에 변조파를 가하여 변조를 행한다.

② 이것은 진공관회로의 그리드 변조에 대응한다.

③ 베이스 변조에 비하여 왜율이 적고 효율도 좋다.

④ 동작은 변조 전압을 가하면 컬렉터 전압이 변화하여 컬렉터 전류가 변화하므로 변조가 적다.

❋ NOTE ❋ 컬렉터 변조

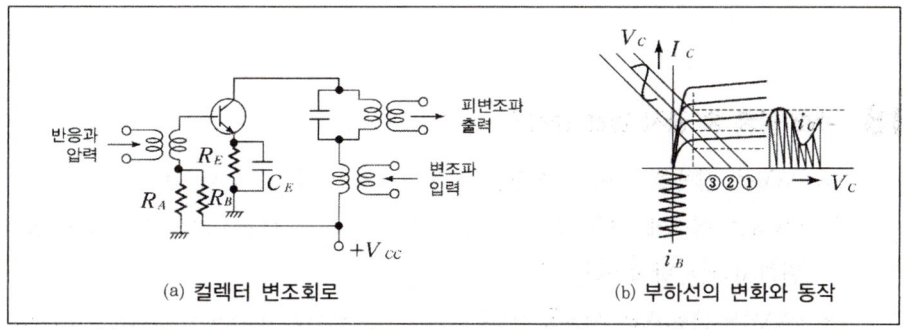

(a) 컬렉터 변조회로   (b) 부하선의 변화와 동작

㉠ 컬렉터 변조는 진공관회로의 플레이트 변조에 해당된다. 베이스에 반송파를 가하고 컬렉터 전압에 변조파를 가하면 그림 (b)의 $V_c - I_c$ 곡선에서 변조파를 가함에 따라 컬렉터 전압이 변화하고 부하곡선이 ①②③으로 변화하여 컬렉터 전류가 변화하므로 동조회로를 넣어 피변조파를 꺼낸다.

㉡ 피변조석은 B급 또는 C급으로 동작을 하게 된다. B급으로 동작시키려면 R_A 대신 코일 L을 넣으면 되고, C급으로 동작시키려면 R_B를 제거하고 R_A의 되먹임회로에 의해서 정(+)의 바이어스를 걸면 된다.

16 다음 중 펄스 부호 변조의 특징이 아닌 것은?

① 신호의 일그러짐이 작다.　　　② S/N비가 낮다.

③ 넓은 대역폭이 필요하다.　　　④ 구현시 회로가 복잡하다.

> ※NOTE※ 펄스 부호 변조(PCM) 방식의 특징
> ㉠ 신호의 일그러짐이 작다.
> ㉡ S/N비가 높다.
> ㉢ 넓은 대역폭을 필요로 한다.
> ㉣ 구현시 회로가 복잡하다.

17 FM 방송의 최대 신호 주파수가 15[kHz]이고, 그 주파수 편이가 최대 75[kHz]일 때 변조지수는?

① 2　　　　　　　　　　　② 3

③ 4　　　　　　　　　　　④ 5

> ※NOTE※ 주파수 변조지수는 주파수 편이 Δf_c와 신호 주파수 f_s의 비로 나타난다.
>
> $$m_f = \frac{\Delta f_c}{f_s} = \frac{75}{15} = 5$$

18 다음 설명 중 옳지 않은 것은?

① PAM은 진폭을 입력 신호전압에 따라 변화시키는 변조방식이다.

② PWM을 펄스에 대한 주기 및 진폭은 일정하게 하고, 펄스의 폭만을 입력 신호전압에 따라 변화시키는 방식이다.

③ PNM은 신호파의 진폭을 양자화하고 그 양자화 된 값을 2진수로 표시하여 2진 부호에 따른 펄스의 진폭이 부호화되는 변조방식이다.

④ PFM은 펄스의 진폭 및 폭은 일정하게 하고, 펄스의 반복 주파수에 대한 입력 신호전압에 따라 변화시키는 변조방식이다.

> ※NOTE※ ③ PNM은 변조된 신호파의 진폭에 따른 단위 펄스를 일정한 시간 내에 펄스 수로 변화시키는 변조 방식이다.

19 다음 중 리액턴스관이 주로 많이 사용되는 것은?

① 링 변조회로

② 주파수 변조회로

③ 배전압 정류회로

④ 평형 변조회로

※ NOTE ※ 리액턴스관에 LC 자려 발진기를 연결하여 주파수 변조회로로 사용한다.

20 다음 중 아날로그 변조방식이 아닌 것은?

① FM

② AM

③ PCM

④ PM

※ NOTE ※ PCM은 펄스 변조방식에 해당한다.

※ 변조의 종류

㉠ 아날로그 변조

• AM(진폭 변조)

• FM(주파수 변조)

• PM(위상 변조)

㉡ 펄스 변조

• PAM(펄스 진폭 변조)

• PWM(펄스 폭 변조)

• PPM(펄스 위상 변조)

• PNM(펄스 수 변조)

• PCM(펄스 코드 변조)

• ΔM(델타 변조)

㉢ 디지털 변조

• ASK(진폭 변이 변조)

• FSK(주파수 변이 변조)

• PSK(위상 변이 변조)

21 주파수 변조에서 변조지수가 6일 때 신호의 최고 주파수를 20[kHz]라 하면 최대 주파수 편이는?

① 40[kHz]

② 60[kHz]

③ 120[kHz]

④ 180[kHz]

※ NOTE ※ 변조지수 $m_f = \dfrac{\Delta f}{f_s}$ 에서 $\Delta f = m_f \times f_s = 6 \times 20 = 120[\text{kHz}]$

ANSWER – 16.② 17.④ 18.③ 19.② 20.③ 21.③

22 신호 주파수가 3[kHz], 최대 주파수 편이가 15[kHz]일 때 변조지수는?

① 3

② 5

③ 18

④ 45

> ※**NOTE**※ 신호 주파수를 f_s, 최대 주파수 편이를 Δf 라고 하면
>
> 변조지수 $m_f = \dfrac{\Delta f}{f_s} = \dfrac{15}{3} = 5$

23 다음 중 변조의 개념에 대한 설명으로 옳은 것은?

① 교류파형을 만들어내는 것이다.

② 반송파에 신호파를 실어 전송하는 것이다.

③ 소신호로 대전류를 제어하는 것이다.

④ 피변조파에서 신호파를 꺼내는 것이다.

> ※**NOTE**※ 변조 … 신호파형을 의도적으로 변화시키는 것으로 반송파에 신호파를 실어 전송하는 것이다. 즉, 고주파에 저주파 신호를 포함시키는 과정이라 할 수 있다.

24 다음 중 변조의 종류에 해당하지 않는 것은?

① AM

② FM

③ PM

④ VM

> ※**NOTE**※ ① 진폭 변조 ② 주파수 변조 ③ 위상 변조

25 다음 중 콘덴서 마이크로폰을 사용한 변조회로의 특징으로 옳지 않은 것은?

① 음의 진동으로 콘덴서의 극판간의 거리를 조절함으로써 용량값을 바꿀 수 있다.

② 비교적 주파수 특성이 좋다.

③ 음성 증폭기 없이 송신기를 구성한다.

④ 회로가 복잡하다.

> ※**NOTE**※ 콘덴서 마이크로폰을 이용하면 회로가 간편해지며 주로 무선 마이크 등에 사용한다.

26 다음 중 주파수 변조회로에 해당하지 않는 것은?

① 콘덴서 마이크로폰을 사용하는 방법

② 가변저항 다이오드를 사용하는 방법

③ 리액턴스만을 사용하는 방법

④ 위상변조에 의한 간접법

> ※ **NOTE** ※ ② 가변저항 다이오드가 아니라 가변용량 다이오드를 사용해야 한다.
> ※ 주파수 변조회로
>   ㉠ 직접 FM 변조회로
>   • 가변용량 다이오드를 사용한 변조회로
>   • 리액턴스 트랜지스터를 사용한 변조회로
>   • 콘덴서 마이크로폰을 사용한 변조회로
>   ㉡ 간접 FM 변조회로
>   • 전치 보정회로(Pre-distortor)
>   • PM 변조회로

27 FM 방식에서 S/N비를 향상시키기 위한 방법이 아닌 것은?

① 변조지수 m_f를 크게 한다.

② 주파수 대역폭을 크게 한다.

③ 엠퍼시스 회로를 이용한다.

④ 링 변조기를 사용한다.

> ※ **NOTE** ※ 링 변조기는 AM 방식에 해당된다.

28 FM 방송의 최대 주파수 편이 Δf는?

① $\pm 75[\text{kHz}]$ ② $\pm 25[\text{kHz}]$

③ $\pm 50[\text{kHz}]$ ④ $\pm 28[\text{kHz}]$

> ※ **NOTE** ※ FM 방송의 주파수 편이 Δf는 $\pm 75[\text{kHz}]$, TV의 음성은 $\pm 25[\text{kHz}]$이다.

ANSWER - 22.② 23.② 24.④ 25.④ 26.② 27.④ 28.①

AM 검파회로

1 슈퍼 헤테로다인 수신기의 특징으로 옳지 않은 것은?

① AM · FM 라디오 수신기의 기본 구성에 해당한다.

② 스트레이트 방식보다 안정도, 감소, 선택도가 우수하다.

③ 회로의 구성이 매우 간단하다.

④ 수신기 특유의 영상 주파수 방해가 발생되기 쉽다.

    ✳NOTE✳ ③ 스트레이트 수신기에 대한 설명이다.

        ※ 슈퍼 헤테로다인 수신기 … 현재 가장 널리 사용되고 있는 방식으로 스트레이트 수신기에 비해 감도, 선택도, 안정도가 우수하며 AM · FM 라디오 수신기의 기본 구성에 해당한다.

2 진폭 복조회로에서 Diagonal clipping이 일어나는 이유는 무엇인가?

① 직류성분을 포함하고 있기 때문이다.

② 직선 검파회로의 포락선이 하강 중일 때 시상수 RC가 너무 커서 발생한다.

③ 직선 검파회로의 포락선이 하강 중일 때 시상수 RC가 너무 작아서 발생한다.

④ 신호전송에서 발생할 수 있는 잡음이다.

    ✳NOTE✳ Diagonal clipping … 반송파 진폭의 포락선이 하강 중일 때에 시상수 RC가 너무 크면 출력전압이 포락선의 주기를 따라가지 못하는 데서 발생하는 일그러짐이다.

3 다이오드 검파기에서 얻는 AGC 전압의 크기는 무엇에 따라 커지는가?

① 반송파 주파수의 증가   ② 변조한 저주파 주파수의 증가

③ 반송파 전압의 크기의 증가   ④ 반송파 변조도의 증가

    ✳NOTE✳ AGC 전압은 다이오드의 검파 출력전압의 직류분에 해당하는 전압을 여파회로에 의해 얻게 되므로 반송파 진폭에 비례하는 전압에 의해 커지게 된다.

4 수신 주파수를 받아 수신기 내의 국부 발진 출력을 혼합 검파하여 두 주파수의 차에 해당하는 주파수를 꺼내는 검파방식은?

① 재생 검파

② 직선 검파

③ 제곱 검파

④ 헤테로다인 검파

> ❋ NOTE ❋ FET 타려식 헤테로다인 검파회로 ⋯ 혼합석 Q_1 의 게이트에 입력 피변조파와 국부 발진석 Q_2 의 발진신호를 동시에 가하여 Q_1 의 비직선 특성에 의하여 출력측에서 두 주파수의 차인 중간 주파수를 꺼내게 된다. Q_2 의 국부 발진회로는 하틀리회로이며, 유도결합에 의해 혼합석 Q_1 의 베이스에 전류를 공급하고 있다.

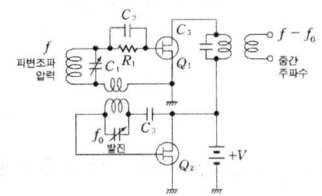

5 다음 회로의 리액턴스 트랜지스터의 성질로 옳은 것은?

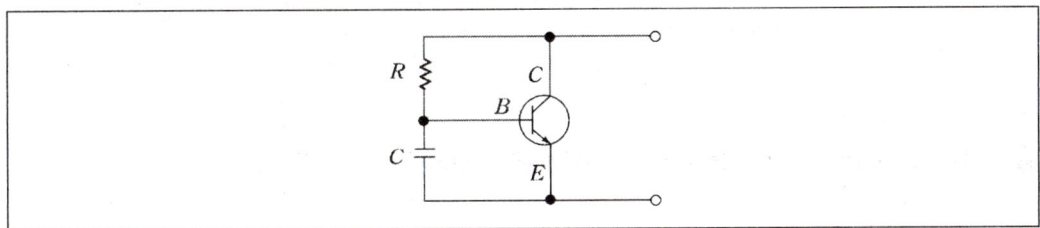

① 유도성 리액턴스

② 용량성 리액턴스

③ 저항성 회로

④ 실효 저항회로

> ❋ NOTE ❋ 유도성 리액턴스 트랜지스터회로로 주파수가 일정하다고 가정했을 경우 인덕턴스의 값이 커지면서 유도성 리액턴스가 된다.

6 다음 중 링 검파에 해당하는 것은?

① 포락선 검파

② 평형 검파

③ 양극 검파

④ 제곱 검파

> ❋ NOTE ❋ 단측파대의 검파회로로는 링 변조회로가 이용되는데 이를 링 검파회로 또는 평형 검파회로라고 한다.

ANSWER – 1.③ 2.② 3.③ 4.④ 5.① 6.②

7 국부발진 주파수가 1,001[kHz]일 때 1,000[kHz]의 고주파를 수신하여 헤테로다인 검파를 할 경우 출력 주파수는?

① 0.1[kHz] ② 1[kHz]

③ 10[kHz] ④ 100[kHz]

> ※ NOTE ※ 헤테로다인 수신기
> 출력 주파수＝국부발진 주파수－수신 주파수＝1,001－1,000＝1[kHz]

8 다음 중 진폭 제한기가 필요치 않으며 FM파의 일그러짐을 가장 적게 하는 복조방식은?

① 경사형 검파 ② 헤테로다인 검파

③ 포스터 실리 검파 ④ 비 검파

> ※ NOTE ※ 비 검파방식 … 포스터 실리 검파방식의 반밖에 안 되지만 입력의 순간적인 진폭 변화에 민감하게 대처하는 대용량의 콘덴서가 출력측에 부착되어 있다. 따라서 진폭변화에 대한 잡음을 제거하는 성분이 포함되어 있어 진폭 제한기를 필요로 하지 않으며 FM파의 일그러짐을 가장 적게 복조한다.

9 변조도 30[%]의 AM파를 자승 검파했을 때 신호파의 출력 왜율은?

① 2.5 ② 5

③ 7.5 ④ 15

> ※ NOTE ※ 왜율 $K = \dfrac{m}{4} \times 100$
>
> 변조도 m은 30[%]이므로 $\dfrac{30}{4} = 7.5$

10 다음 중 헤테로다인 검파의 특징으로 옳은 것은?

① 주파수를 혼합해야 하므로 제곱 검파특성으로 동작한다.

② 입력신호가 미약하므로 낮은 감도로 검파된다.

③ 감도 및 선택도를 저하시키기 위한 목적으로 사용된다.

④ 주파수 두 개를 혼합하여 그 차가 되는 저주파를 얻는데, 검파 출력진폭은 반송파와 신호
파의 진폭의 곱에 반비례한다.

　※ **NOTE** ※ ② 높은 감도로 검파된다.
　　　　　　　　③ 감도 및 선택도를 향상시키기 위한 목적으로 사용한다.
　　　　　　　　④ 진폭의 곱에 비례한다.

11 다음 중 비 검파회로에 대한 설명으로 옳은 것은?

① 동조회로의 임피던스 특성을 이용한 복조회로이다.

② 회로는 2개의 검파관 또는 다이오드로 구성되어 있다.

③ 변별기 자체에 진폭제한 작용이 없다.

④ 입력신호의 진폭과 깊은 관계가 있어 불필요한 진폭 변조에도 반응한다.

　※ **NOTE** ※ ②③은 Foster-seeley 검파회로에 대한 설명이다.
　　　　　　　　④ 비 검파회로는 입력신호의 진폭과 무관하여 불필요한 진폭 변조에 반응하지 않는다.

04 FM 검파회로

1 일정 주파수의 정현파에 대한 변조파로 반송파를 변조했을 경우, 직선 검파한 출력에 포함되는 고주파분을 기본파분에 대한 퍼센트 또는 데시벨로 표시하는 것은?

① 잡음
② 잡음지수
③ 충실도
④ 왜율

❋ NOTE ❋ 왜율 $K = \dfrac{\text{출력이 포함된 고주파}}{\text{기본파}}$

2 다음 중 FM 방송파를 왜율이 가장 낮게 복조하는 데 적합한 것은?

① Slop 검파
② Gated Beam 검파
③ Foster-Seeley 검파
④ Ratio 검파

❋ NOTE ❋ ① 가장 간단한 FM 검파회로방식으로, 앞단의 에미터 작용이 불완전하여 잡음 등의 진폭 변조분이 섞여 들면 잡음이 출력으로 나타난다.
② 검파 출력이 크고 좋은 진폭 제한작용을 하지만, 입력신호가 작거나 동작점이 적당하지 않으면 버즈음이 난다.
③ 변별기 자체에 진폭 제한작용이 없으므로 진폭 제한기가 필요하다.

3 디엠퍼시스회로에 대한 설명으로 옳은 것은?

① 송신측에서 고역 주파수를 강조하기 위한 회로이다.
② 수신측에서 고역 주파수 특성을 낮추기 위한 회로이다.
③ 주파수 특성의 평탄한 부분을 넓히기 위한 보상회로이다.
④ 진폭 제한작용을 하는 회로의 일종이다.

❋ NOTE ❋ 디엠퍼시스회로 … FM 수신기에서 고음특성을 저하시켜 S/N을 개선시키는 회로이다. FM 방식은 변조지수가 신호파 주파수에 반비례하여 작아지므로 송신기에서 프리엠퍼시스회로를 사용하여 고음을 강조해 주고 수신측에서는 디엠퍼시스를 사용하여 고음을 송신측에서 높인 만큼 억제시켜 고음에서의 S/N의 저하를 방지한다.

4 Foster-Seeley 검파회로와 비 검파회로의 검파 감도비는?

① 1 : 2   ② 2 : 1

③ 1 : 3   ④ 3 : 1

    ✻ **NOTE** ✻ 비 검파회로의 출력전압은 Foster-Seeley회로의 출력전압과 비교하면 $\frac{1}{2}$이 된다.

5 FM 검파에서 리미터 작용을 겸한 주파수 변별에 이용하는 회로는?

① Foster-Seeley   ② Ratio detector

③ Slope detector   ④ Pre-Emphasis Circuit

    ✻ **NOTE** ✻ Ratio detector(비 검파기) … 부하 양단에 대용량 콘덴서가 접속되어 있어 순간적인 진폭 변화를
    가져오는 잡음이 들어와도 저주파 출력에는 거의 진폭 변화가 없어 자체 리미터 작용을 한다.

6 Slope Detector에 관한 설명으로 옳은 것은?

① 주파수 특성 비직선 부분을 이용하므로 약간의 왜곡이 생긴다.

② 전단의 Limiter가 불필요하다.

③ 오직 주파수 변화에만 응답한다.

④ FM 방송이나 TV는 Slope detector 방식을 사용한다.

    ✻ **NOTE** ✻ ②③④ 비 검파기에 대한 설명이다.

7 포스터 실리와 비 검파기에 대한 비교 설명으로 옳지 않은 것은?

① 비 검파기는 포스터 실리 검파기를 개량한 것이다.

② 비 검파기가 포스터 실리와 다른 점은 다이오드 중 하나는 역방향으로 되어 있다는 것이다.

③ 비 검파기는 정류 부하를 매우 크게 선정한다.

④ 비 검파기는 FM파의 일그러짐을 가장 작게 한다.

    ✻ **NOTE** ✻ ③ 비 검파기의 정류 부하의 검파출력은 포스터 실리의 $\frac{1}{2}$이다.

ANSWER – 1.④ 2.④ 3.② 4.② 5.② 6.① 7.③

8 프리엠퍼시스회로에 대한 설명 중 옳지 않은 것은?

① 신호대 잡음비(S/N)의 저하를 방지하는 회로로 높은 주파수의 잡음개선 회로이다.

② 위상 변조회로를 이용해서 사용해야 할 경우에는 미분회로를 필요로 한다.

③ 전압 이득은 주파수가 높을수록 출력이 크다.

④ AM 송신기에서 사용한다.

　　❋ **NOTE** ❋ ④ FM 송신기에서 사용한다.

9 FM 송신측에서 Pre-Emphasis회로를 사용하는 목적은?

① 높은 주파수의 잡음을 없애기 위하여　　② 감도를 좋게하기 위하여

③ 선택도를 개선하기 위하여　　④ Limiter를 사용하지 않기 위하여

　　❋ **NOTE** ❋ 프리엠퍼시스회로는 변조시 고역 음성 주파수에서 S/N비의 저하를 막기 때문에 FM 송신측에 필
　　　　요하다.

10 디엠퍼시스회로에 관한 내용으로 옳지 않은 것은?

① 프리엠퍼시스회로와 반대의 특성을 가진다.

② 미분회로로 송신측에서 강조한 고역을 FM 수신기에서 원상태로 환원시키는 회로이다.

③ 후단의 변별기에 위치한다.

④ FM 수신기에서 사용한다.

　　❋ **NOTE** ❋ 디엠퍼시스회로는 적분회로이다.

11 다음 중 송신측에서 고역을 강조시킨 만큼 수신측에서 억압하여 깨끗한 음을 재생시키는 회로는?

① Foster—Seeley   ② De-Emphasis

③ Pre-Emphasis   ④ Ratio detector

    ✳ NOTE ✳ ② 적분회로로 송신측에서 강조한 고역을 FM 수신기에서 원상태로 환원시키는 회로이다.

12 다음 중 Limiter 작용을 동시에 하는 회로는?

① Foster—Seeley   ② De-emphasis

③ Ratio detector   ④ Slope detector

    ✳ NOTE ✳ ③ Limiter 작용을 하는 검파기는 비 검파회로와 Gated Beam이다.

13 다음 중 FM 검파기가 아닌 것은?

① Ratio detector   ② Foster—Seeley

③ Slope detector   ④ Diode detector

    ✳ NOTE ✳ 다이오드 검파는 AM 검파에 해당한다.

PART

펄스회로

01. 펄스파형의 성질

02. 미·적분회로의 입·출력파형

03. 펄스 발생회로

04. 파형 조작회로

01 펄스파형의 성질

1 펄스파의 성질을 나타내는 변수에 대한 설명으로 옳지 않은 것은?

① 상승시간 – 입력펄스의 최대 진폭이 10 ~ 90%까지 상승하는 데 걸리는 시간을 말한다.

② 하강시간 – 펄스의 하강속도를 나타내는 척도로서, 최대 진폭이 90 ~ 10%까지 하강하는
데 걸리는 시간이다.

③ 지연시간 – 펄스가 들어온 후 출력 펄스의 최대 진폭이 90%까지의 시간차를 뜻한다.

④ 축적시간 – 입력펄스가 끝난 후 출력 펄스가 최대 진폭의 10%까지 감소하는 데 소요되는
시간이다.

> ※**NOTE**※ 지연시간 ⋯ 이상적인 펄스의 상승시간으로부터 진폭의 10%까지 이르는 실제의 펄스시간으로, 펄
> 스가 회로를 통과하는 데 걸리는 시간을 뜻한다.

2 펄스회로에서 펄스가 0에서 최대 크기로 상승될 때를 100이라고 하면 상승 시간은?

① 10 ~ 70
② 20 ~ 80
③ 1 ~ 99
④ 10 ~ 90

> ※**NOTE**※ Rise time ⋯ 실제의 펄스가 이상적 펄스 진폭의 10 ~ 90%까지 상승하는 데 걸리는 시간이다.

3 펄스의 상승 부분에서 발생하는 진동의 정도를 말하는 링깅(ringing)에 대한 설명으로 옳은
것은?

① RC회로의 시상수가 짧기 때문에 생긴다.

② 낮은 주파수의 성분에서 공진하기 때문에 생기는 것이다.

③ 높은 주파수의 성분에서 공진하기 때문에 생기는 것이다.

④ RL회로에서 그 시상수가 매우 짧기 때문에 생기는 것이다.

> ※**NOTE**※ 링깅(Ringing) ⋯ 펄스의 상승 부분에서 나타나는 진동의 정도를 말하며, 높은 주파수의 성분에서
> 공진하기 때문에 발생한다.

4 다음은 펄스파를 확대한 것이다. a를 나타내는 용어는?

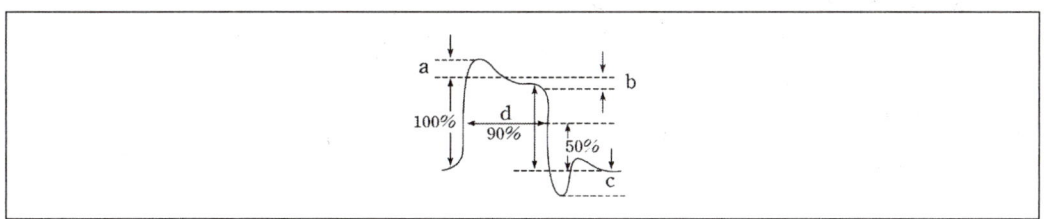

① 언더슈트　　　　　　　　　② 스파이크

③ 오버슈트　　　　　　　　　④ 새그

　　※ NOTE ※ 오버슈트 … 상승파형에서 이상적 펄스파의 진폭 V 보다 높은 부분의 높이를 말한다.

5 펄스의 중요한 변이에 있어 상승 방향으로 흔들리는 일그러짐을 무엇이라고 하는가?

① 새그　　　　　　　　　　② 오버슈트

③ 언더슈트　　　　　　　　④ 스파이크

　　※ NOTE ※ 회로의 과도특성에 의해 펄스의 출력파형의 상부가 돌출하는 것으로, 파형의 평탄부분의 높이를
　　　　V라 하고 돌출부의 크기를 a라 하면 $overshoot = \dfrac{a}{V} \times 100$이다.

6 그림과 같은 회로에서 스위치를 1초 동안 on하고 2초 동안은 off하는 조작을 시킬 때 펄스의 반복주기는 몇 초인가?

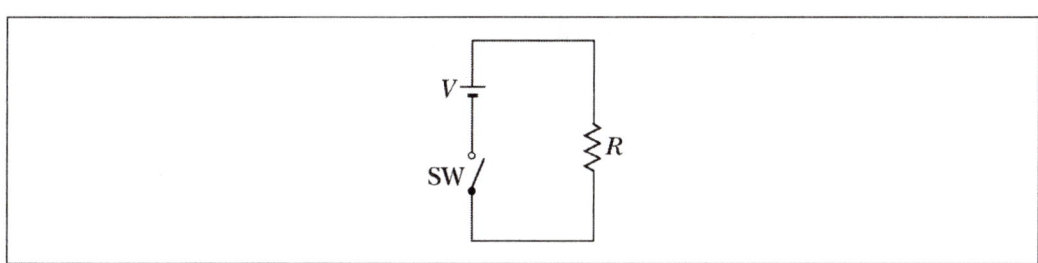

① 1초　　　　　　　　　② 2초

③ 3초　　　　　　　　　④ 4초

　　※ NOTE ※ 반복주기는 펄스가 주기적으로 반복되는 시간이므로 1초 on+2초 off=3초

ANSWER – 1.③　2.④　3.③　4.③　5.②　6.③

7 R=1[MΩ], C=1[μF]인 RC 직렬회로의 양단에 10[V]의 전압을 가한 뒤 C 양단전압이 6.32[V]로 되는 시간은?

① 1[s]   ② 10[s]

③ 1[ms]   ④ 10[ms]

   ✳ **NOTE** ✳ $\tau = RC = 1 \times 10^6 \times 1 \times 10^{-6} = 1[\sec]$

8 펄스 증폭회로에 저항결합 증폭회로를 사용할 때 나타나는 현상은?

① 새그   ② 오버슈트

③ 언더슈트   ④ 드리프트

   ✳ **NOTE** ✳ 펄스파는 보통 직류성분에서 높은 주파수의 성분까지를 포함하여 그림과 같이 오버슈트(a), 새그(b), 언더슈트(c)와 같은 일그러짐이 발생한다. 또한 결합 콘덴서를 크게 하면 저역 특성이 좋아지고 새그가 작아진다.

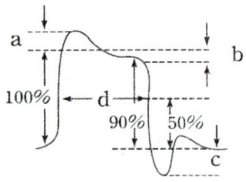

9 펄스 증폭회로의 설명 중 옳지 않은 것은?

① 결합 콘덴서 C_c를 크게 하면 새그가 감소한다.

② 저역 특성이 양호하면 새그가 감소한다.

③ 고역 특성이 양호하면 상승의 기울기가 개선된다.

④ 고역 보상이 지나치면 언더슈트가 생긴다.

   ✳ **NOTE** ✳ ④ 고역 보상이 지나치면 오버슈트가 생긴다.

10 특수 파형의 종류가 아닌 것은?

① 정사각형파   ② 펄스파

③ 톱날파   ④ 계단파

⑤ 직사각형파

❋ NOTE ❋ 특수 파형의 종류

ㄱ
직사각형

ㄴ
펄스파

ㄷ
톱날파

ㄹ
계단파

특수 파형회로에는 파형 발생기와 파형 변환기가 있으며, 속응성과 증폭 기능을 갖추고 있어야 한다.

02 미·적분회로의 입·출력파형

1 다음 회로에서 전송 파라미터($ABCD$ 파라미터)의 단락회로 역방향 전달 임피던스 $\left(-\dfrac{V_1}{I_2} \bigg|_{V_2=0} \right)$ 는?

$$I_1 \quad R_1 \quad R_2 \quad I_2$$

$$V_1 \qquad 2\Omega \qquad C \qquad 2\Omega \qquad V_2$$

$$0.5\text{F}$$

① $1+jw$ ② jw

③ $2+jw$ ④ $4+j2w$

> ※ **NOTE** ※
>
> $$\begin{bmatrix} A & B \\ C & D \end{bmatrix} = \begin{bmatrix} 1 & Z_1 \\ 0 & 1 \end{bmatrix} \begin{bmatrix} 1 & 0 \\ \dfrac{1}{Z_3} & 1 \end{bmatrix} \begin{bmatrix} 1 & Z_2 \\ 0 & 1 \end{bmatrix} = \begin{bmatrix} 1+\dfrac{Z_1}{Z_3} & \dfrac{Z_1 Z_2}{Z_3}+Z_2+Z_1 \\ \dfrac{1}{Z_3} & 1+\dfrac{Z}{Z_3} \end{bmatrix}$$
>
> $$= \begin{bmatrix} 1+jw & 4+2jw \\ 0.5jw & 1+jw \end{bmatrix}$$ 에서 역방향 전달 임피던스 B이므로 $4+2jw$이다.

2 R=1[MΩ], C=1[μF]의 직렬회로에 V=10[V]를 공급할 때 1[sec] 후의 R 양단의 전압 V_R은? (단, e=2.718)

① 6.32[V]   ② 1[V]

③ 10[V]   ④ 3.68[V]

> ※ **NOTE** ※ 시상수 $\tau = RC = 1 \times 10^6 \times 1 \times 10^{-6} = 1$[sec]
>
> $$V_C = V(1-e^{-\frac{t}{RC}}) = 10(1-e^{-1}) = 10-2.718^{-1} = 6.32$$
>
> $V = V_C + V_R$이므로 $V_R = V - V_C = 10 - 6.32 = 3.68$[V]
>
> 1[sec] 후의 C 양단전압은 6.32[V]이고, R 양단전압은 3.68[V]이다.

3 RC 적분회로에서 입력전압이 구형파일 때 출력파형은? (단, 회로의 시정수는 입력파형의 주기보다 크다)

①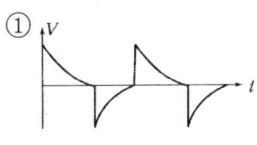

②

③

④

※ **NOTE** ※ 적분회로의 출력파형

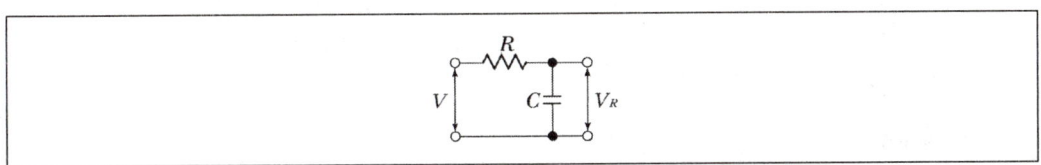

4 다음 그림과 같은 회로의 명칭은 무엇인가?

① 미분회로 ② 적분회로
③ RC 발진회로 ④ 분주회로

※ **NOTE** ※ 그림은 RC 적분회로이다.

5 다음 회로는 무엇인가?

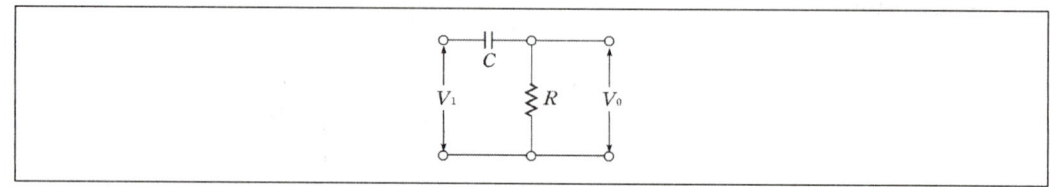

① 미분회로　　　　　　　　② 적분회로

③ 게이트회로　　　　　　　④ 분주회로

> ✻ NOTE ✻ 그림은 직사각형파로부터 폭이 좁은 트리거 펄스를 얻는 데 자주 사용하는 미분회로이다.

6 그림과 같은 회로에서 SW를 1에 연결하였을 때 전류 i 의 관계식은?

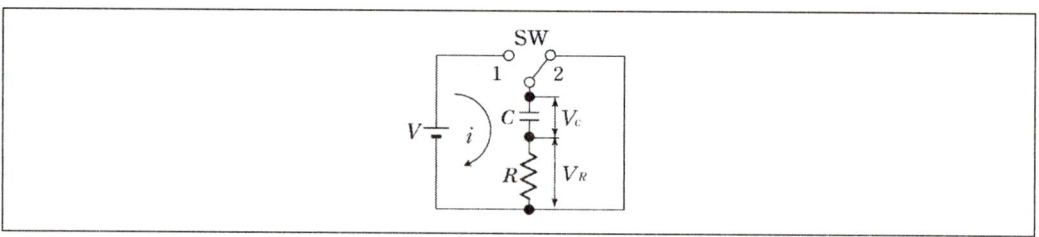

① $i = \dfrac{V}{R}\left(1 - e^{\frac{t}{RC}}\right)$　　　　　　② $i = \dfrac{V}{R}\left(1 - e^{-\frac{t}{RC}}\right)$

③ $i = \dfrac{V}{R} e^{\frac{t}{RC}}$　　　　　　　　④ $i = \dfrac{V}{R} e^{-\frac{t}{RC}}$

> ✻ NOTE ✻
> 충전특성식에서 $i = \dfrac{V}{R}\left(1 - e^{-\frac{t}{RC}}\right)$
>
> $V_c = V\left(1 - e^{-\frac{t}{RC}}\right)$

7 계단파형을 삼각형으로 변환하는 데 사용하는 것은?

① 시상수가 매우 작은 고역 통과 RC회로

② 시상수가 대단히 큰 고역 통과 RC회로

③ 시상수가 매우 작은 저역 통과 RC회로

④ 시상수가 대단히 큰 저역 통과 RC회로

> ✻ NOTE ✻ 적분회로는 계단파형을 삼각파형으로 변환할 수 있다.

03 펄스 발생회로

1 다음 그림은 멀티바이브레이터의 일종이다. 이 회로에 대한 설명으로 옳은 것은?

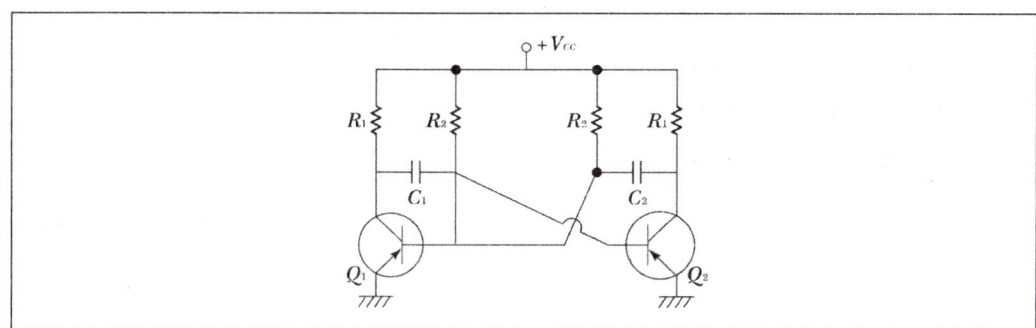

① Q_1, Q_2가 C_1, C_2와 결합되어 있으므로 어느 트랜지스터도 영원히 도통, 차단상태로 될 수 없으며 스스로 상태천이를 되풀이한다.

② 트리거 펄스 1개가 들어오면 안정상태에서 즉시 불안정상태로 되며, 주어진 주기 동안 머물고 다시 원래의 안정상태로 돌아온다.

③ 외부로부터 트리거 펄스가 들어올 때마다 두 개의 안정, 불안정상태를 교대로 옮겨 다니며, 외부의 트리거 펄스가 없으면 안정상태를 계속 유지한다.

④ 입력전압값이 일정값 이상이 되면 펄스가 상승하고 일정값 이하가 되면 펄스가 하강한다.

    ✻NOTE✻ 비안정 멀티바이브레이터 ··· 안정상태가 없으며 외부 트리거 없이 Q_1이 on이면 Q_2는 off이고, Q_1이 off이면 Q_2가 on이 되는 2개의 준안정상태가 되며 이것은 일정한 주기로 되풀이된다.

2 다음 중 톱니파 발생회로와 무관한 것은?

① 멀티바이브레이터   ② 블로킹 발진기

③ UJT 발진기   ④ LC 발진기

    ✻NOTE✻ LC 발진기는 정현파 발생회로이다.

ANSWER – 5.① 6.② 7.④ / 1.① 2.④

3 다음 회로는 무슨 회로인가?

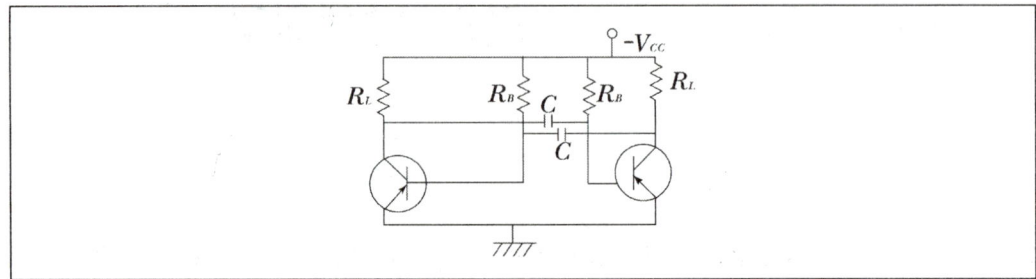

① 슈미트 트리거
② 단안정 멀티바이브레이터
③ 비안정 멀티바이브레이터
④ 쌍안정 멀티바이브레이터

✽ NOTE ✽ 비안정 멀티바이브레이터 … RC결합 2단 증폭기의 출력단자를 입력단자에 연결한 것으로 폭과 주기의 반복펄스를 발생시키는 회로이다.

4 그림은 UJT를 이용한 펄스 발생회로이다. UJT에 전류가 흘러 펄스를 발생할 때 콘덴서 C_T의 동작은 어떤 상태인가?

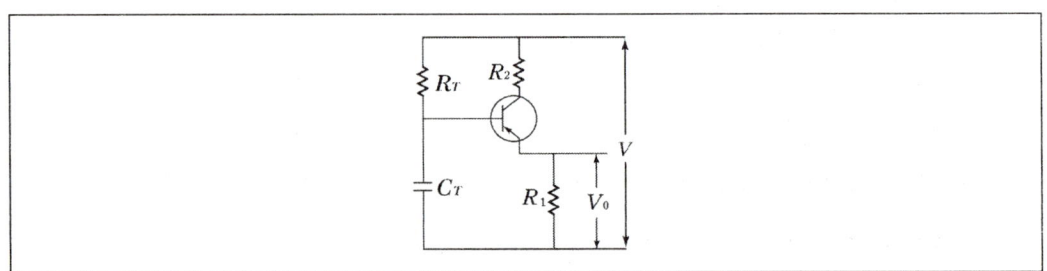

① 충전상태   ② 방전상태
③ 단락상태   ④ 접지상태

✽ NOTE ✽ UJT를 이용한 펄스 발생회로의 동작원리 … R_T를 통하여 C_T(콘덴서)가 충전된 후 충전전압이 UJT를 on시킬 전압만큼 커지면 UJT는 on 상태가 된다. 이때 C_T는 R_1을 통해 방전이 되고 방전에 의해 충전전압이 낮아지면 다시 UJT가 off 되어 C_T는 충전을 하게 된다.

5 멀티바이브레이터에 대한 설명 중 옳지 않은 것은?

① 외부에서 입력을 가하지 않아도 출력이 나타난다.
② 결합회로의 구성에 따라 비안정, 쌍안정회로로 동작한다.
③ 회로의 시정수로 출력파형의 주기가 결정된다.
④ 미분회로와 적분회로로 구분된다.

　　✳ NOTE ✳ 결합회로의 구성에 따른 구분
　　　　　　㉠ 무안정 멀티바이브레이터 : 교류결합으로 구성
　　　　　　㉡ 단안정 멀티바이브레이터 : 교류결합과 직류결합으로 구성
　　　　　　㉢ 쌍안정 멀티바이브레이터 : 직류결합으로 구성

6 펄스 발생회로에서 출력 펄스파형은?

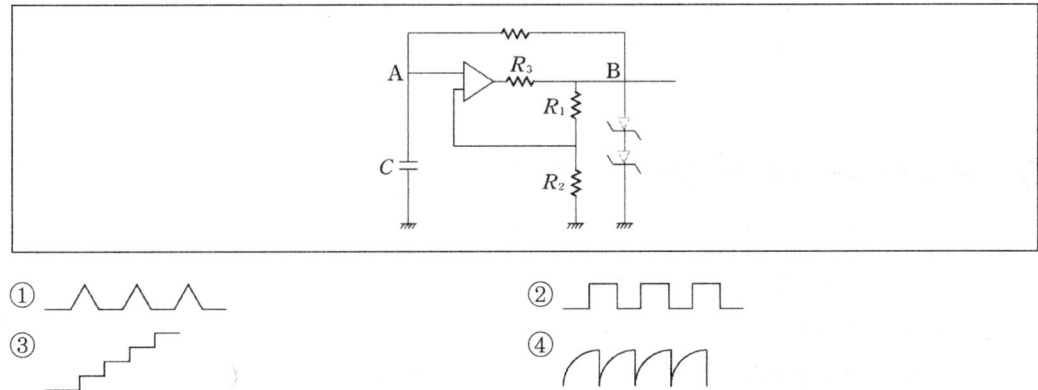

① /\/\/\　　　② ⊓⊔⊓⊔⊓⊔
③ ⌐_⌐_⌐‾　　　④ ⌒⌒⌒⌒

　　✳ NOTE ✳ 되먹임전압에 의해 구형파를 생성한다.

7 단안정 멀티바이브레이터의 용도로 옳지 않은 것은?

① 구형파 펄스의 주파수 체배에 사용한다.
② 폭이 좁은 펄스를 폭이 넓은 펄스로 변형할 경우 사용한다.
③ 접점의 바운싱 현상을 없앨 때 사용한다.
④ 폭이 넓은 펄스를 좁은 폭의 펄스로 만들 때 사용한다.

　　✳ NOTE ✳ 단안정 멀티바이브레이터는 하나의 안정된 상태와 준안정상태를 가지며 직사각형의 발생이나 펄
　　　　　　스폭의 신장, 펄스의 지연 또는 접점의 바운싱에 의한 채터링의 방지 등에 이용한다.

✿ ANSWER – 3.③ 4.② 5.④ 6.② 7.①

8   다음 중 멀티바이브레이터와 그 용도의 연결로 옳은 것은?

① 쌍안정 멀티바이브레이터 – 구형파 발진기 타이밍 회로

② 단안정 멀티바이브레이터 – 펄스의 지연 및 타이밍 회로

③ 비안정 멀티바이브레이터 – 2진 계수의 기억회로

④ 비안정 멀티바이브레이터 – 펄스의 신장, 펄스 발생회로

> ✳ NOTE ✳ 멀티바이브레이터의 용도
> ㉠ 비안정 멀티바이브레이터 : 구형파 발진기 타이밍 회로
> ㉡ 단안정 멀티바이브레이터
> • 펄스의 지연 및 타이밍 회로
> • 펄스 발생회로
> • 펄스의 신장
> ㉢ 쌍안정 멀티바이브레이터
> • 전자 계산기
> • 2진 계수 기억회로
> • 디지털 기기

9   멀티바이브레이터에 대한 설명으로 옳지 않은 것은?

① 음되먹임의 일종이다.

② 고차의 고조파를 포함하고 있다.

③ 회로의 시정수로 주기가 결정된다.

④ 전원전압이 변동해도 발진 주파수는 큰 변화가 없다.

> ✳ NOTE ✳ 멀티바이브레이터 …2단 RC결합 증폭회로에 정되먹임을 이용한 발진기로 고차의 고조파를 포함하며 회로의 시정수로 주기가 결정된다. 전원전압이 변하여도 발진 주파수에는 변화가 없다.

10   SCR의 용도가 아닌 것은?

① 위상제어   ② 톱니파 발생회로

③ 증폭기   ④ 조명제어

> ✳ NOTE ✳ 톱니파 발생회로의 소자로는 SCR, UJT, 스위칭 트랜지스터 등이 있다.
> ※ SCR(실리콘 정류기)의 용도
> ㉠ 위상제어
> ㉡ 조명 조광장치
> ㉢ 펄스회로
> ㉣ 릴레이 베어회로

11 쌍안정 멀티바이브레이터에 대한 설명으로 옳은 것은?

① 폭과 주기의 반복펄스가 발생한다.

② 2개의 펄스가 들어올 때 1개의 펄스를 얻는다.

③ 입력단자에 펄스가 걸릴 때마다 특정한 폭의 펄스를 만든다.

④ 입력 트리거 펄스 1개마다 1개의 출력을 얻는다.

> ※ NOTE ※ 쌍안정 멀티바이브레이터 ⋯ 입력펄스 2개마다 1개의 출력펄스를 얻을 수 있으며 플립플롭회로라고
> 도 하여 분주나 전자계산기, 2진 계수회로에 사용한다.

12 특정 전압을 기준으로 해서 그 전압을 넘으면 출력이 변화하는 회로를 무엇이라 하는가?

① 증폭회로   ② 비교회로

③ 멀티바이브레이터   ④ 발진회로

> ※ NOTE ※ 비교회로 ⋯ 특정한 전압을 기준으로 해서 그 전압을 넘으면 출력이 변화하는 회로로 과전압을 나
> 타내거나 전자회로 기기보호 등에 사용한다.

13 그림에서 입력단자에 V_i과 같은 구형 파형을 가했을 때 출력단자(콘덴서 C)의 양단에 나타나는 V_o의 파형은?

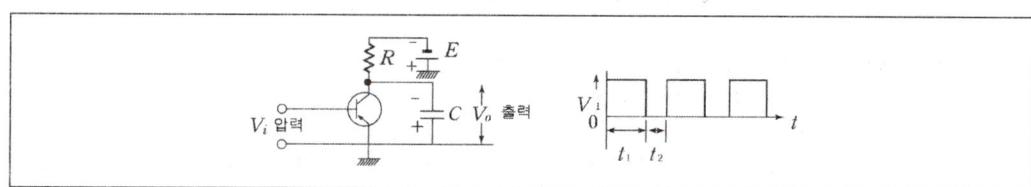

① 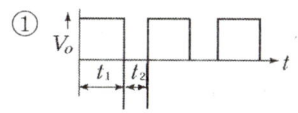   ②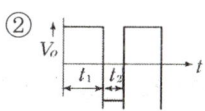

③ 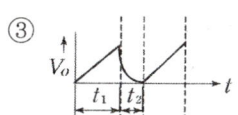   ④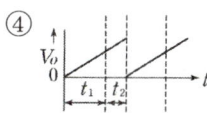

> ※ NOTE ※ 톱날파 발생회로로 V_i 단자에 (+)펄스가 가해지면 TR은 off상태가 되어 C에는 전압이 R을 통하
> 여 t_1의 기간 동안 충전된다. V_i의 입력펄스가 0으로 되는 t_2 기간에는 C에 충전되었던 전압에
> 의해 TR은 on상태가 되어 방전되므로 톱날파가 발생한다.

14 그림과 같은 회로의 역할은?

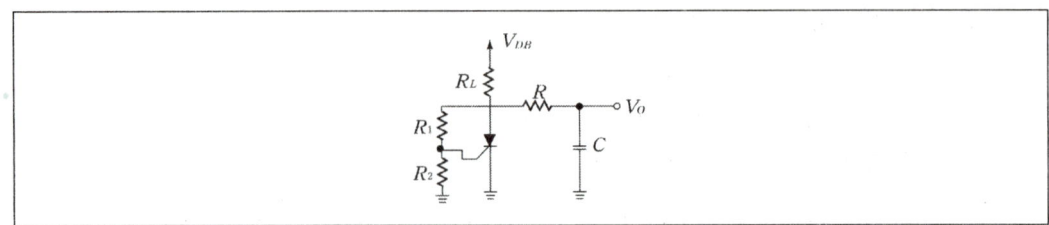

① 쌍안정 멀티바이브레이터회로   ② 트리거 펄스 발생회로

③ 톱날파형 발생회로   ④ 정류회로

    ✱ **NOTE** ✱ 출력측에 C를 1개 넣고 전원전압으로 충·방전시킴으로 톱니파 전압을 얻는 회로로 콘덴서 C는 R을 거쳐서 충전되며, 콘덴서 전압의 상승에 따라 양극 전압 및 게이트 전압이 어떤 레벨까지 상승하면 SCR 스위치가 on이 된다.

15 다음 중 쌍안정 멀티바이브레이터에 대한 설명으로 옳지 않은 것은?

① 외부로부터 트리거 펄스가 공급되지 않아도 출력 펄스를 얻는다.

② 데이터 기억 소자로 많이 이용된다.

③ 직류결합 2단 증폭기이다.

④ 입력 트리거 펄스 2개마다 1개의 펄스 출력을 얻을 수 있다.

    ✱ **NOTE** ✱ ① 출력 상태는 입력 펄스가 공급되기 전에는 바뀌지 않는다.
           ※ 쌍안정 멀티바이브레이터
              ㉠ 2개의 펄스가 공급되면 1개의 펄스가 출력된다.
              ㉡ 펄스의 주파수를 낮추는 데 이용하고 기억 소자에 많이 사용된다.

16 다음 중 두 증폭단 사이에 AC 결합과 DC 결합이 함께 쓰이는 회로는?

① 비안정 멀티바이브레이터   ② 단안정 멀티바이브레이터

③ 쌍안정 멀티바이브레이터   ④ 슈미트 트리거회로

    ✱ **NOTE** ✱ 단안정 멀티바이브레이터 … AC 결합과 DC 결합이 함께 사용되는 회로로 하나의 안정상태로 있을 경우 1개의 트리거 펄스가 들어와 안정상태에서 벗어나 반대의 동작이 되었다가 다시 시상수에 의해 결정되는 일정 시간 후 다시 안정상태로 되돌아가는 회로이다.

17 비안정 멀티바이브레이터회로에서 베이스 전압의 파형은?

① 임펄스(삼각)파형
② 구형파형
③ 정현파형
④ 스텝파형

✽ **NOTE** ✽ 두 개의 결합 콘덴서가 번갈아 충전하기 때문이며, 오버슈트라고 하는 적은 전압의 임펄스가 발생한다.

18 그림과 같은 멀티바이브레이터의 안정상태는?

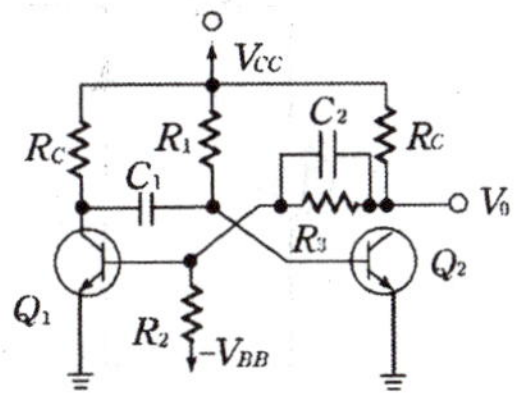

① Q_1, Q_2 모두 차단상태가 된다.
② Q_1 혹은 Q_2는 모두 도통상태가 된다.
③ Q_1은 도통, Q_2는 차단상태가 된다.
④ Q_1는 차단, Q_2는 도통상태가 된다.

✽ **NOTE** ✽ 그림은 단안정 멀티바이브레이터회로로 C_1은 타이밍 콘덴서, R_1은 타이밍 저항이며, Q_1의 베이스에 부(−)의 바이어스 전압이 인가되므로 Q_1은 정상적으로 차단상태가 되고, Q_2는 도통상태가 되는데 바로 이 상태를 안정상태라 한다.

ANSWER – 14.③ 15.① 16.② 17.① 18.④

04 파형 조작회로

1 그림과 같은 클리핑회로에서 출력에 나타나는 파형의 모양은?

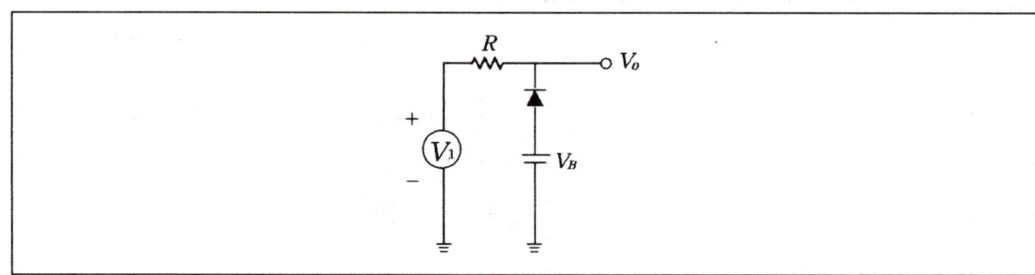

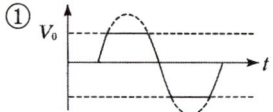

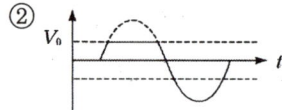

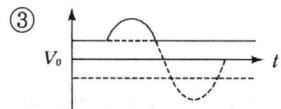

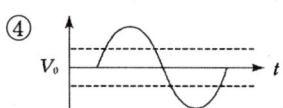

❋ NOTE ❋ 각 클리퍼와 파형

	피크클리퍼	베이스클리퍼
병렬형		
직렬형		

2 다음 그림은 무슨 회로인가? (단, RC는 매우 크다)

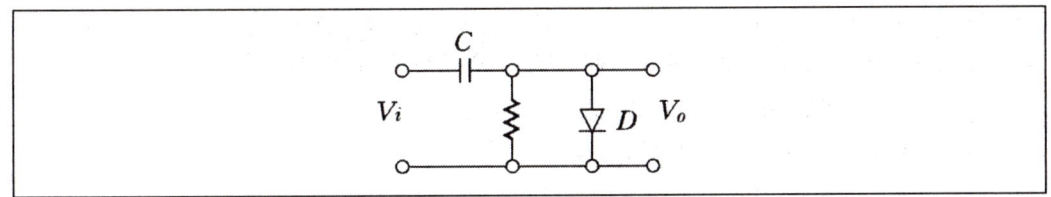

① Slicer   ② FlipFlop

③ Clipper   ④ Clamp

 ❋ **NOTE** ❋ 클램프회로 ··· 다이오드 역바이어스 상태에서 RC가 매우 크므로 C의 충전전압은 느리게 방전되어 입력전압의 최대치를 0으로 고정시키는 회로이다.

3 입력파형의 일정 크기 이상 또는 이하를 잘라내어 출력파형을 얻는 회로는?

① 클램핑   ② 클리핑

③ 레벨 변환   ④ 스위칭

 ❋ **NOTE** ❋ 클리핑회로 ··· 입력파형의 진폭을 변환시키는 회로로 입력파형의 일정 레벨 이상 또는 이하를 끊어내는 작업을 한다.

4 다음 [그림 A]의 정현파를 [그림 B]의 구형파로 변환시키는데 가장 적합한 회로는?

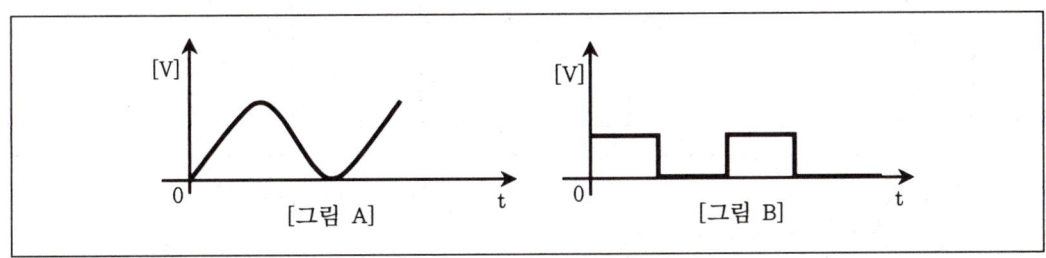

① 부츠트랩 회로   ② 블로킹 발진기

③ 슈미트 트리거   ④ LC동조회로

 ❋ **NOTE** ❋ 입력 전압에 잡음 신호가 섞여 있는 경우, 출력 전압이 불안정하게 된다. 슈미트 트리거 회로는 입력 전압의 작은 변동에 관계없이 출력 전압을 안정화할 수 있으므로 구형파를 발생시키는 회로로 사용된다.

ANSWER – 1.③ 2.④ 3.② 4.③

5 슈미트 트리거회로의 설명으로 옳지 않은 것은?

① 2진수 1bit 기억작용이 있다.

② 원리적으로 쌍안정 멀티바이브레이터의 교번작용이 일어난다.

③ 상승 트리거와 하강 트리거의 레벨이 다르다.

④ 파형 정형의 목적으로 많이 이용된다.

✽ **NOTE** ✽ 슈미트 트리거회로 … 임의의 입력파형을 상승과 하강 레벨이 다르게 하여 접점의 바운싱에 의한 채터링의 방지나 구형파 파형 정형에 사용한다.

6 다음 중 파형의 진폭을 제한하는 회로는?

① 미분회로 ② 분주회로

③ 리미터회로 ④ 게이트회로

✽ **NOTE** ✽ 리미터회로 … 피크 클리퍼와 베이스 클리퍼를 결합한 것으로 0을 기준으로 입력파형의 위·아래 양쪽부분을 잘라내어 파형의 진폭을 제한하는 회로이다.

7 다음 클리핑회로에서 나타나는 출력파형으로 옳은 것은?

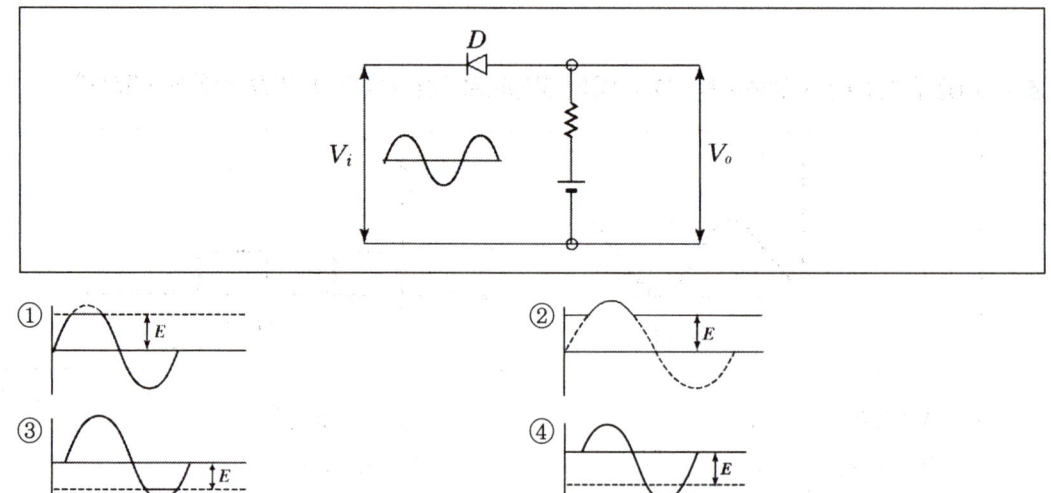

✽ **NOTE** ✽ 피크 클리핑회로로 파형의 윗 부분만을 잘라내는 회로이다.

8 다음 중 입력파형에 관계없이 항상 구형파를 출력시키는 회로는?

① 단안정 멀티바이브레이터 ② 슈미트 트리거

③ 쌍안정 멀티바이브레이터 ④ 래치회로

❋ NOTE ❋ 슈미트 트리거회로 ··· 쌍안정 멀티바이브레이터의 일종인 슈미트 트리거는 입력파형에 관계없이 출력파형은 항상 구형파이며, 입력전압의 크기로 회로의 개폐(on/off)를 결정한다.

9 슈미트 트리거회로를 나타내는 용어로 옳은 것은?

① 계단파 발생회로 ② 클램프회로

③ 구형파 발생회로 ④ 톱니파 발생회로

❋ NOTE ❋ 슈미트 트리거회로는 파형 정형에 쓰이는 구형파 발생회로이다.

10 신호파형의 필요한 점을 소정의 전위에 고정시키는 회로는?

① 클리핑회로 ② 슬라이서회로

③ 리미터회로 ④ 클램핑회로

❋ NOTE ❋ 클램핑회로 ··· 직류분 재생회로라고도 하며 펄스 등이 되풀이되는 파형을 모양 그대로 유지하면서 그 파형의 (+) 또는 (−)의 끝을 일정한 직류 레벨로 유지할 경우에 사용하는 회로이다.

11 클리퍼에 대한 정의로 옳은 것은?

① 파형의 상부 또는 하부를 일정한 레벨로 잘라내는 회로이다.

② 입력 펄스파형을 증폭하는 회로이다.

③ 톱날파를 증폭하는 회로이다.

④ 구형파를 증폭하는 회로이다.

❋ NOTE ❋ 클리퍼 ··· 파형의 상부 또는 하부를 일정한 레벨로 잘라내는 회로를 의미하며, 특정 레벨 이상을 잘라내는 피크 클리퍼와 특정 레벨 이하를 잘라내는 베이스 클리퍼, 상·하의 두 레벨을 잘라내는 슬라이서 또는 리미터가 있다.

❀ ANSWER − 5.① 6.③ 7.① 8.② 9.③ 10.④ 11.①

12 그림의 회로에서 입력에 정현파를 가하면 출력파형은?

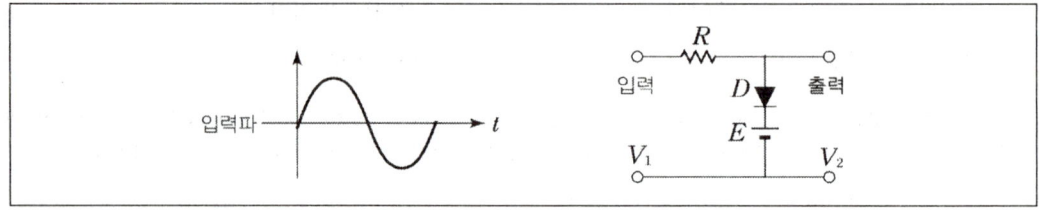

① 입력전압이 E보다 크면 위쪽이 잘린다.

② 입력전압이 E보다 작으면 아래쪽이 잘린다.

③ E를 중심으로 아래쪽과 위쪽이 잘린다.

④ 입력에 가한 정현파와 같은 파형이 출력에 나타난다.

❋ **NOTE** ❋ 그림은 피크 클리퍼회로이며, 입력전압이 E 보다 높을 경우 다이오드가 순방향으로 도통하므로 출력전압이 나타나지 않으며 입력전압이 E보다 낮을 경우 다이오드가 동작하지 않아 그대로 입력전압이 출력에 나타난다.

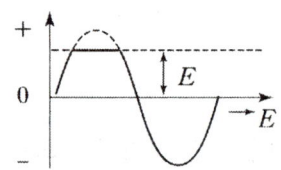

13 그림과 같은 회로의 입력에 정현파를 인가했을 때 똑같은 출력파형을 얻을 수 있는 회로는?

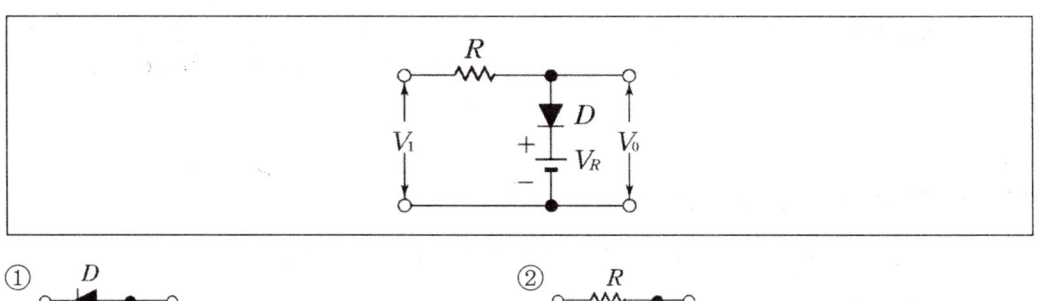

❋ **NOTE** ❋ ① 피크 클리퍼회로   ②③ 베이스 클리퍼회로

14 다음 회로에서 정현파 입력이 들어갔을 때 출력에 나오는 파형으로 옳은 것은?

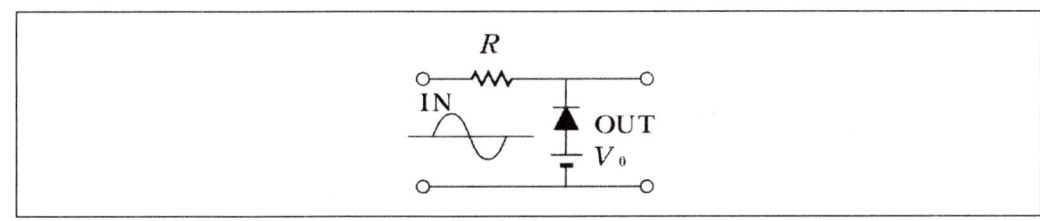

①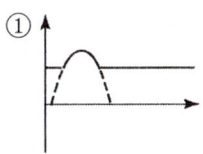

②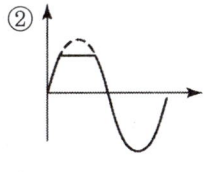

③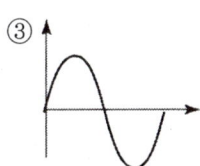

④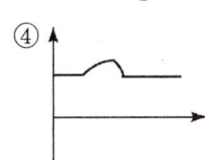

✻ **NOTE** ✻ 클리퍼회로의 일종으로, 부(−)입력파일 때 다이오드에 의해 단락되어 출력이 나타나지 않는다.

15 그림과 같은 회로에서 입력에 정현파를 인가했을 때 출력파형은 어떻게 되는가? (단, $E_1 > E$)

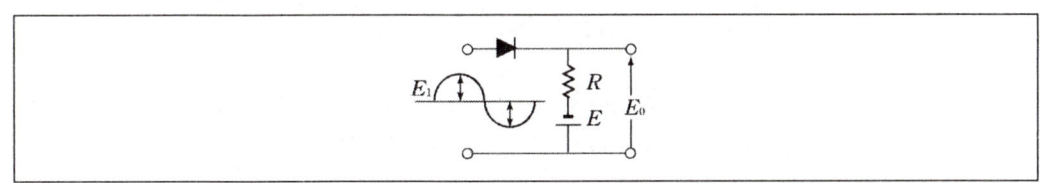

① 위가 잘린다.
③ 아래 위가 잘린다.

② 아래가 잘린다.
④ 아래가 볼록해진다.

✻ **NOTE** ✻ 그림은 입력파형의 아랫 부분을 잘라내는 베이스 클리핑회로이기 때문에 정현파 입력이 가해졌을 때 나타나는 출력파형은 다음과 같다.

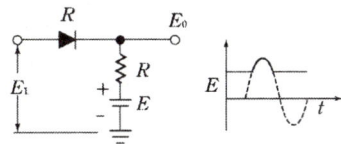

PART

회로이론

01. 회로망의 기초

02. 회로이론

03. 2단자망과 4단자망

04. 교류회로

01 회로망의 기초

1 연산증폭기에 대한 설명으로 옳지 않은 것은?

① 연산증폭기는 매우 높은 이득을 가진 직렬증폭기이며, 외부적 귀환을 이용하여 그 이득과 임피던스 특성을 제어한다.

② 연산증폭기 회로는 차동증폭기를 종속 접속하여 만들어지며, 두 입력신호와 하나의 출력신호를 갖는다.

③ 연산증폭기의 구성요소인 차동증폭기는 모노리식(monolithic) 기술에 이상적인 회로이다. 그 까닭은 커패시터나 큰 저항 없이 이득을 높일 수 있기 때문이다.

④ 이상적인 연산증폭기는 무한대의 개방루프 이득과 무한대의 입력 및 출력임피던스, 그리고 무한대의 대역폭을 갖는 특성이 있다.

✳ **NOTE** ✳ ④ 이상적인 연산증폭기의 출력임피던스는 0이다.

2 200[V]의 전원에 전기 밥솥이 1[kW]일 때, 부하 저항 [Ω]은?

① 10   ② 20

③ 30   ④ 40

✳ **NOTE** ✳ $R = \dfrac{V^2}{P} = \dfrac{200^2}{1 \times 10^3} = 40[\Omega]$

3 임피던스 $Z = 3 - j4$의 크기는?

① 1[Ω]   ② 2[Ω]

③ 4[Ω]   ④ 5[Ω]

✳ **NOTE** ✳ $Z = \sqrt{3^2 + 4^2} = \sqrt{25} = 5[\Omega]$

4 다음 회로의 합성용량은?

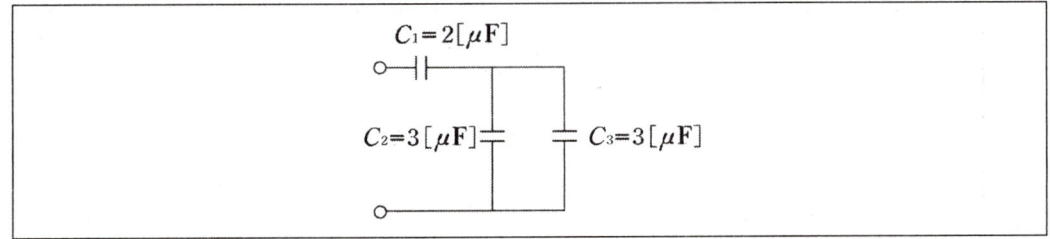

① $0.8[\mu F]$ ② $1.5[\mu F]$

③ $2[\mu F]$ ④ $4[\mu F]$

> ※ NOTE ※ C_2와 C_3는 병렬이므로 $C_t = C_2 + C_3 = 3 + 3 = 6[\mu F]$
> $$C_T = \frac{C_1 C_t}{C_1 + C_t} = \frac{2 \times 6}{2 + 6} = \frac{12}{8} = 1.5[\mu F]$$

5 합성용량이 $2[\mu F]$이고 전압 E가 120[V]인 콘덴서의 전하량은 얼마인가?

① $60[\mu C]$ ② $120[\mu C]$

③ $240[\mu C]$ ④ $360[\mu C]$

> ※ NOTE ※ $Q_T = C_T E = 2 \times 10^{-6} \times 120 = 240[\mu C]$

6 다음 그림의 회로에서 R_2과 R_3에 흐르는 전류를 각각 구하면 얼마인가?

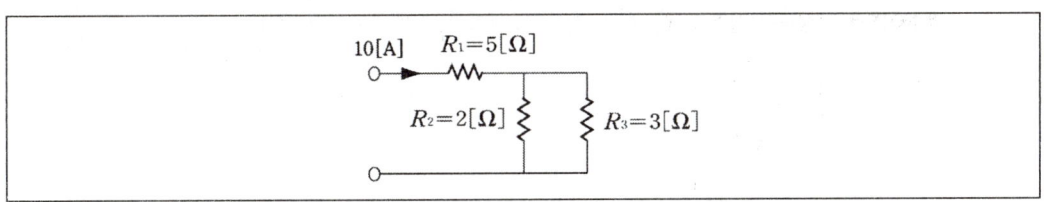

① $R_2 = 6[A]$, $R_3 = 4[A]$ ② $R_2 = 6[A]$, $R_3 = 10[A]$

③ $R_2 = 0[A]$, $R_3 = 10[A]$ ④ $R_2 = 10[A]$, $R_3 = 10[A]$

> ※ NOTE ※ $R_2 = I\dfrac{R_3}{R_2 + R_3} = 10 \times \dfrac{3}{5} = 6[A]$
> $$R_3 = I\frac{R_2}{R_2 + R_3} = 10 \times \frac{2}{5} = 4[A]$$

ANSWER – 1.④ 2.④ 3.④ 4.② 5.③ 6.①

7 다음 그림의 회로에서 R_2에 흐르는 전류는 얼마인가?

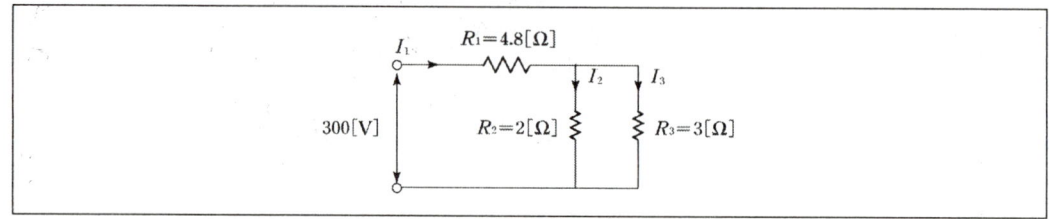

① 10[A]

② 20[A]

③ 30[A]

④ 40[A]

 ※ **NOTE** ※
$$\text{전체저항}(R_T) = R_1 + \frac{R_2 R_3}{R_2 + R_3} = 4.8 + \frac{6}{5} = 6[\Omega]$$

$$\text{전체전류}(I_T) = \frac{V}{R} = \frac{300}{6} = 50 \ [A]$$

$$R_2\text{에 흐르는 전류}(I_2) = I_T \times \frac{R_3}{R_2 + R_3} = 50 \times \frac{3}{2+3} = 30[A]$$

8 정현파 교류전압의 파형률은?

① $\dfrac{\pi}{\sqrt{2}}$

② $\dfrac{\sqrt{2}}{\pi}$

③ $\dfrac{\pi}{2\sqrt{2}}$

④ $\dfrac{2\sqrt{2}}{\pi}$

 ※ **NOTE** ※ 파형률의 실효값 V_m 과 평균값 V_{av} 사이의 관계는 다음과 같다.

$$\frac{V_m}{V_{av}} = \frac{\dfrac{V_m}{\sqrt{2}}}{\dfrac{2}{\pi} V_m} = \frac{\pi}{2\sqrt{2}}$$

9 10[Ω]의 저항에 전압 $v = 20\sin\omega t$ [V]를 가할 때 흐르는 전류[A]는 얼마인가?

① $\sin\omega t$

② $2\sin\omega t$

③ $\sqrt{2}\sin\omega t$

④ $2\sqrt{2}\sin\omega t$

 ※ **NOTE** ※ $i = \dfrac{v}{R} = \dfrac{20\sin\omega t}{10} = 2\sin\omega t\,[A]$

10 다음 회로의 코일에 걸리는 전압은 얼마인가?

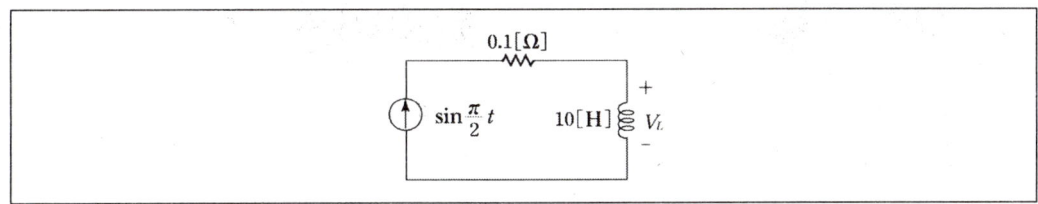

① $5\pi\cos\dfrac{\pi}{2}t\,[\mathrm{V}]$

② $10\pi\cos\dfrac{\pi}{2}t\,[\mathrm{V}]$

③ $15\pi\cos\dfrac{\pi}{2}t\,[\mathrm{V}]$

④ $20\pi\cos\dfrac{\pi}{2}t\,[\mathrm{V}]$

❈ NOTE ❈ $V_L = L\dfrac{di}{dt} = 10 \times \dfrac{d}{dt}\left(\sin\dfrac{\pi}{2}t\right) = 10 \times \dfrac{\pi}{2}\cos\dfrac{\pi}{2}t = 5\pi\cos\dfrac{\pi}{2}t\,[\mathrm{V}]$

11 면적이 A인 평행한 두 금속판 사이의 거리가 d인 커패시터의 정전용량을 2배로 증가시키기 위한 방법으로 적절한 것은?

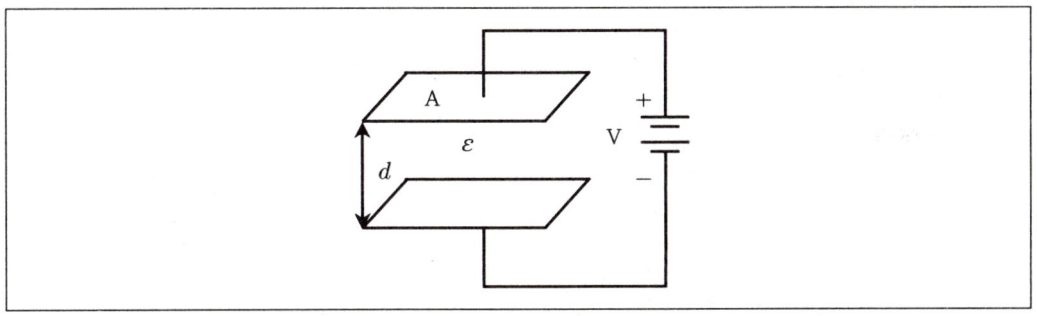

① 두 금속판 사이의 거리(d)를 2배로 늘려준다.

② 두 금속판의 면적(A)을 2배로 늘려준다.

③ 두 금속판 사이에 유전율(ε)이 1/2인 물질로 채운다.

④ 두 금속판의 면적과 두 판 사이의 거리를 동시에 2배로 늘려준다.

❈ NOTE ❈ 커패시터의 정전용량을 증가시키기 위한 방법으로는 서로 마주보는 면적이 넓도록 한다. 즉, 면적에 비례하므로 용량을 2배로 증기시키기 위해서는 면적을 2배로 늘려준다.

O2 회로이론

1 다음 회로에서 출력전압(V_o)은?

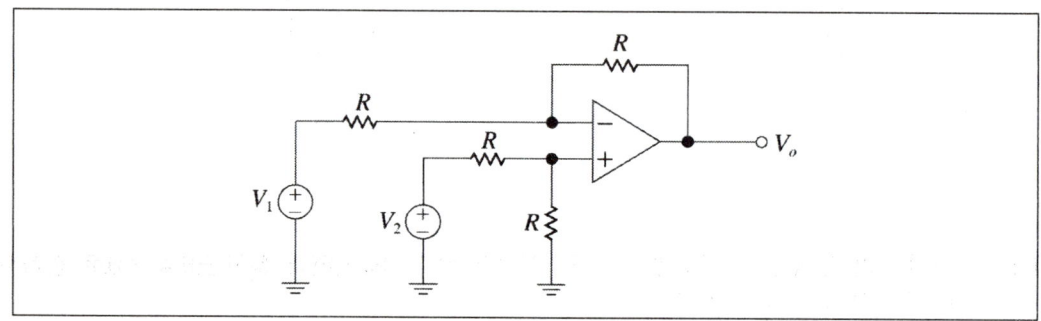

① $2V_2 - V_1$

② $V_1 - V_2$

③ $V_2 - V_1$

④ $\dfrac{V_1 - V_2}{2}$

❋ NOTE ❋
출력전압 $V_o = \dfrac{R_f}{R_1}(V_2 - V_1)$ 에서

$$= \dfrac{R}{R}(V_2 - V_1)$$

$$= V_2 - V_1$$

$$\therefore V_o = V_2 - V_1$$

2 다음 회로에 대한 설명으로 옳지 않은 것은?

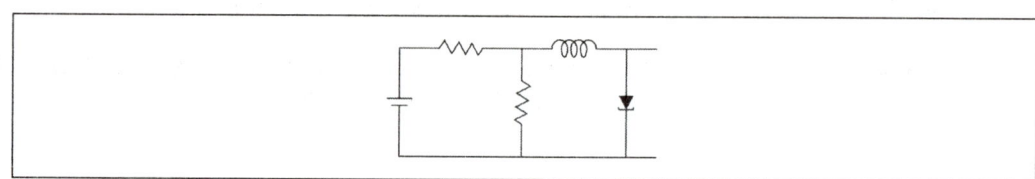

① 음저항을 갖는다.

② 소비전력이 낮다.

③ 기호는 1SE ×××로 표시한다.

④ 공간전하층이 크다.

※ **NOTE** ※ 회로는 터널 다이오드로 터널 다이오드는 음저항의 특성을 이용한 PN접합 다이오드의 일종으로 불순물 농도를 매우 높였을 때 $V_F - I_F$ 특성처럼 골이 생겨 나타나는 부성저항 특성을 갖는다. 다른 다이오드보다 동작 속도가 빠르고 간단한 구조를 가지며 소비전력이 낮고, 잡음이 적다.

3 다음은 가산회로이다. V_1=2[V], V_2=2[V], V_3=3[V], R_1=1[MΩ], R_2=500[kΩ], R_3=500[kΩ], R_4=1[MΩ]이라면 출력전압 V_o[V]는?

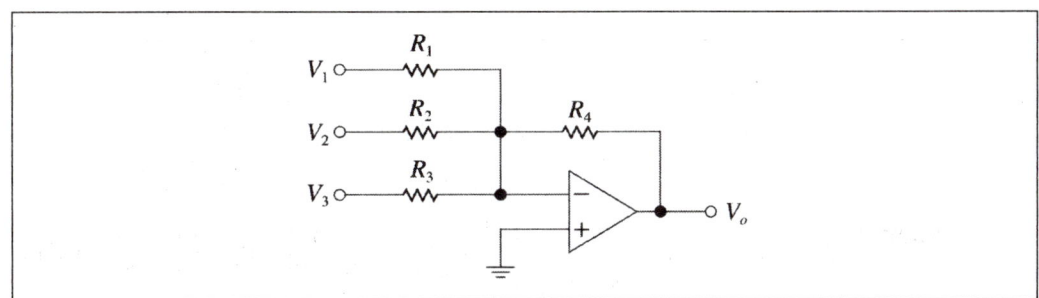

① -8　　　　　　　　　　　　② -10

③ -12　　　　　　　　　　　　④ -14

　　　※ **NOTE** ※ 출력전압 $V_o = -\dfrac{R_f}{R_1}(V_1 + V_2 + ... V_n)$에 대입하면

$$= -\frac{1,000}{1,000} \times 2 - \frac{1,000}{500} \times 2 - \frac{1,000}{500} \times 3$$
$$= -2 - 4 - 6 = -12V$$

4 저항 5[Ω]에 전압 $v = 80\sin\omega t$ [V]를 가할 때 흐르는 전류는 얼마인가?

① $0.16\sin\omega t$[A]　　　　　　　② $1.6\sin\omega t$[A]

③ $16\sin\omega t$[A]　　　　　　　　④ $160\sin\omega t$[A]

　　　※ **NOTE** ※ $I = \dfrac{V}{R} = \dfrac{80}{5}\sin\omega t = 16\sin\omega t$[A]

⎔ ANSWER – 1.③　2.④　3.③　4.③

5 테브난 정리를 이용하여 다음 회로를 단순화할 때, 테브난 전압(V_{TH}) [V]과 테브난 저항(R_{TH}) 값 [KΩ]은?

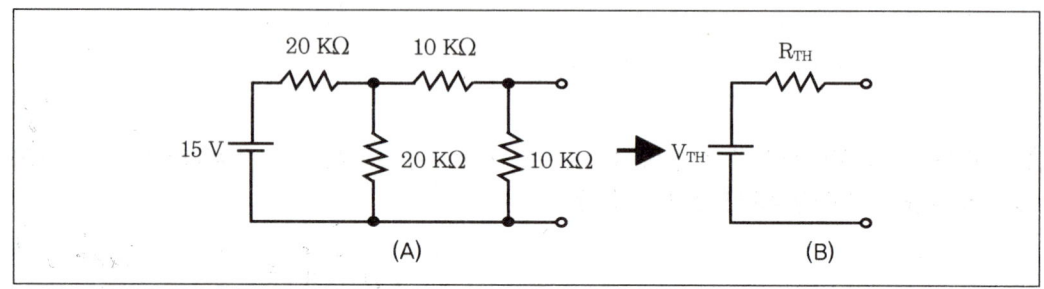

V_{TH}	R_{TH}		V_{TH}	R_{TH}
① 2.5	20/3		② 2.5	10
③ 5	20/3		④ 5	0

✻ NOTE ✻

$$V_{TH} = V_{10K\Omega} = 15 \times \frac{10}{20 + \left\{ \frac{20 \times (10+10)}{20 + (10+10)} \right\}} \times \frac{10}{10+10} = 15 \times \frac{10}{30} \times \frac{10}{20} = 2.5\,[V]$$

$$R_{TH} = \frac{\left(\frac{20 \times 20}{20+20} + 10 \right) \times 10}{\left(\frac{20 \times 20}{20+20} + 10 \right) + 10} = \frac{20}{3}$$

6 다음과 같은 회로에서 R_1=10[kΩ], R_2=250[kΩ]일 때 출력전압 V_o[V]는? (단, 입력전압= 0.5[V])

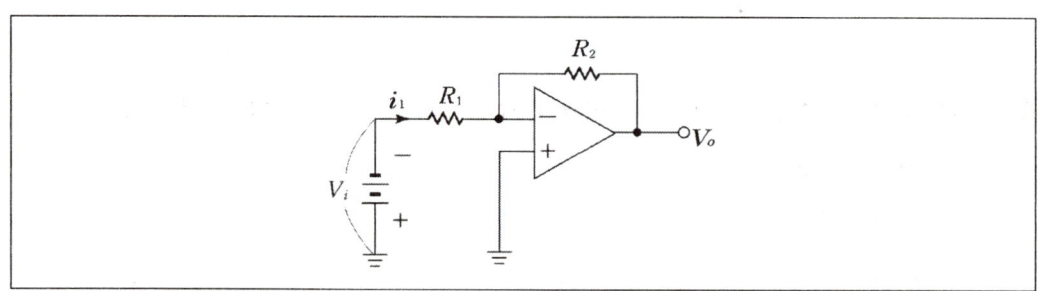

① 2.5   ② 5

③ 6.5   ④ 12.5

✻ NOTE ✻

반전 증폭기이므로 $\dfrac{V_i}{R_1} = -\dfrac{V_o}{R_2}$, $V_o = -\dfrac{R_2}{R_1} V_i = -\dfrac{250}{10} \times -0.5 = 12.5\,[\text{V}]$

7 다음 그림의 A를 B로 변환할 때 R_1의 저항은?

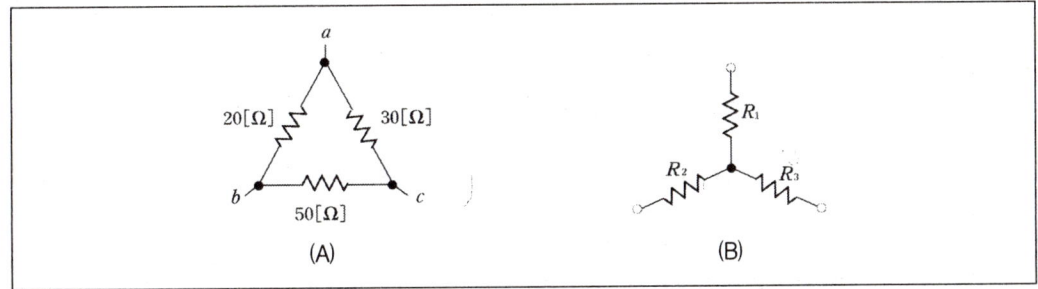

① 6[Ω]

② 10[Ω]

③ 15[Ω]

④ 20[Ω]

> ※NOTE※ $R_1 = \dfrac{R_{ab} \times R_{ac}}{R_{ab} + R_{ac} + R_{bc}} = \dfrac{20 \times 30}{20 + 30 + 50} = 6[\Omega]$

8 다음 그림의 Y결선을 $\triangle$결선으로 변환하고자 할 때 R_{ab} 저항은?

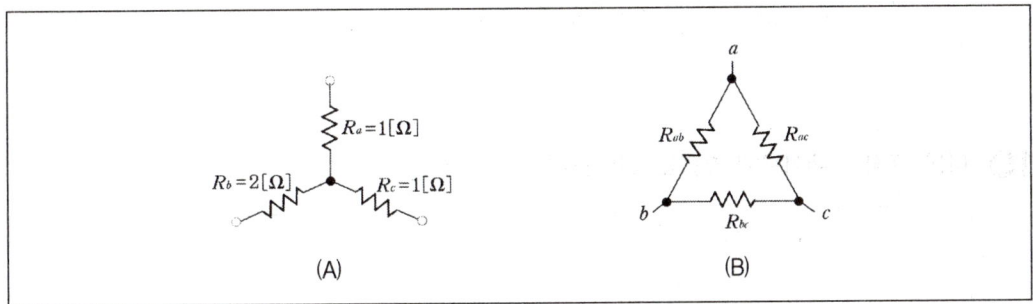

① 5[Ω]

② 10[Ω]

③ 15[Ω]

④ 20[Ω]

> ※NOTE※ $R_{ab} = \dfrac{R_a R_b + R_b R_c + R_c R_a}{R_c} = \dfrac{2 + 2 + 1}{1} = 5[\Omega]$

ANSWER – 5.① 6.④ 7.① 8.①

9 다음 $\triangle$ 결선을 Y 결선으로 변환하고자 할 때 R_a, R_b, R_c 값은?

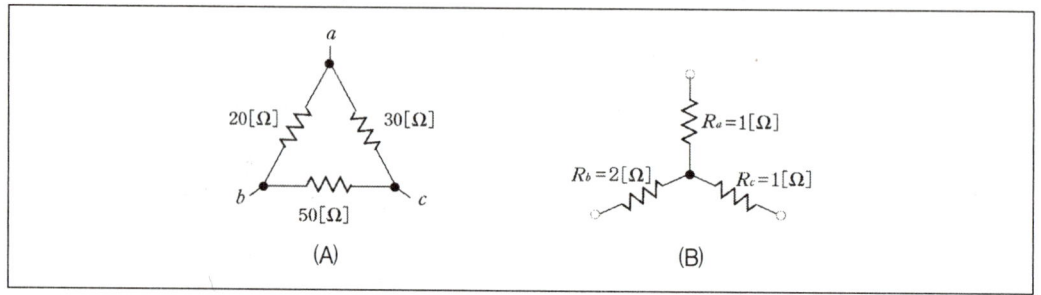

(A)   (B)

① $R_a = 6[\Omega]$, $R_b = 10[\Omega]$, $R_c = 15[\Omega]$

② $R_a = 6[\Omega]$, $R_b = 15[\Omega]$, $R_c = 15[\Omega]$

③ $R_a = 10[\Omega]$, $R_b = 10[\Omega]$, $R_c = 15[\Omega]$

④ $R_a = 10[\Omega]$, $R_b = 15[\Omega]$, $R_c = 15[\Omega]$

✱ NOTE ✱
$$R_a = \frac{R_{ab} \times R_{ac}}{R_{ab} + R_{ac} + R_{bc}} = \frac{20 \times 30}{20 + 30 + 50} = 6[\Omega]$$

$$R_b = \frac{R_{ab} \times R_{bc}}{R_{ab} + R_{ac} + R_{bc}} = \frac{20 \times 50}{20 + 30 + 50} = 10[\Omega]$$

$$R_c = \frac{R_{bc} \times R_{ac}}{R_{ab} + R_{bc} + R_{ac}} = \frac{30 \times 50}{20 + 30 + 50} = 15[\Omega]$$

10 다음 그림의 폐회로에 흐르는 전류는 몇 [A]인가?

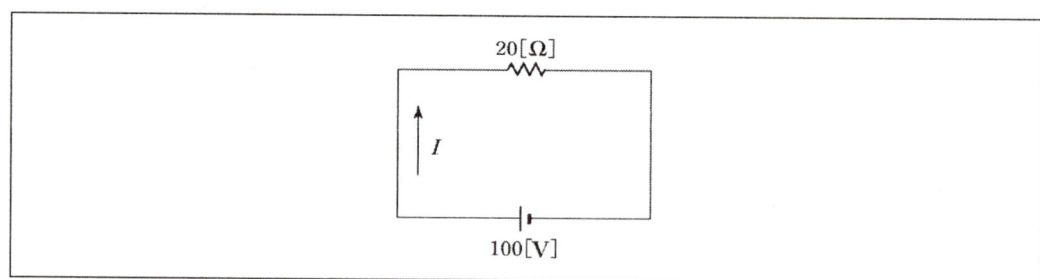

① 5[A]   ② 10[A]

③ 15[A]   ④ 20[A]

✱ NOTE ✱ 옴의 법칙에서 $I = \dfrac{V}{R} = \dfrac{100}{20} = 5[A]$

11 전원 주파수가 일정할 때 다음 그림과 같은 휘스톤 브리지회로에 교류전압을 인가하였다. 이 때 평형 조건으로 옳은 것은?

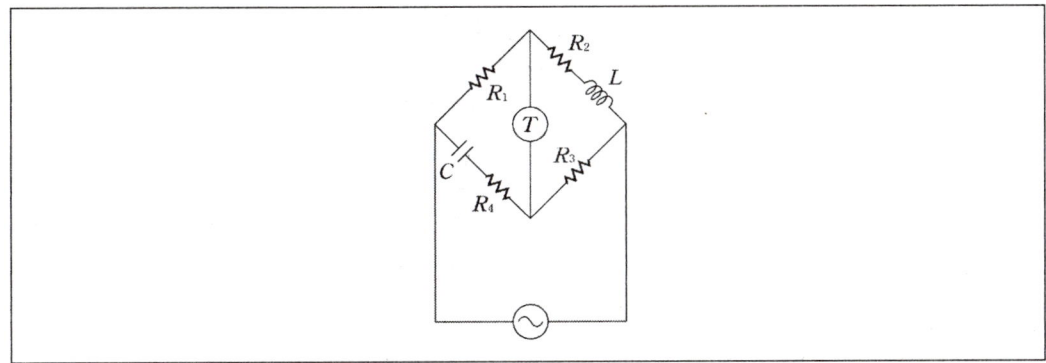

① $R_1 R_3 + R_2 R_4 = \dfrac{L}{C}$, $\omega^2 LC = \dfrac{R_4}{R_2}$

② $R_1 R_3 - R_2 R_4 = \dfrac{L}{C}$, $\omega^2 LC = \dfrac{R_4}{R_2}$

③ $R_1 R_3 + R_2 R_4 = \dfrac{L}{C}$, $\dfrac{1}{\omega^2 LC} = \dfrac{R_4}{R_2}$

④ $R_1 R_3 - R_2 R_4 = \dfrac{L}{C}$, $\dfrac{1}{\omega^2 LC} = \dfrac{R_4}{R_2}$

※ **NOTE** ※ 평행이 되려면 마주보는 저항이 같으면 된다.

$$R_1 R_3 = (R_2 + j\omega L)\left(R_4 + j\dfrac{1}{\omega C}\right) = \left(R_2 R_4 + \dfrac{L}{C}\right) + j\left(\omega L R_4 - \dfrac{R_2}{\omega C}\right)$$

$$R_1 R_3 - R_2 R_4 = \dfrac{L}{C}, \quad \dfrac{1}{\omega^2 LC} = \dfrac{R_4}{R_2} \text{ 이다.}$$

12 다음 회로에서 I_1의 전류는 몇 [A]인가?

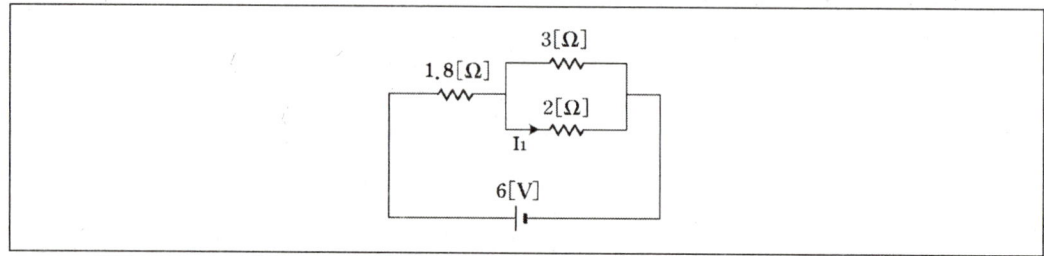

① 1

② 1.2

③ 1.5

④ 1.8

❊ NOTE ❊ $I_1 = \dfrac{3}{3+2} I = \dfrac{3}{5} I$

전체전류 $I = \dfrac{6}{1.8 + \dfrac{3 \times 2}{3+2}} = 2[A]$

$I_1 = \dfrac{3}{5} \times 2 = 1.2[A]$

13 오른쪽 회로에서 저항 3[Ω]에 흐르는 전류 I[A]는 얼마인가?

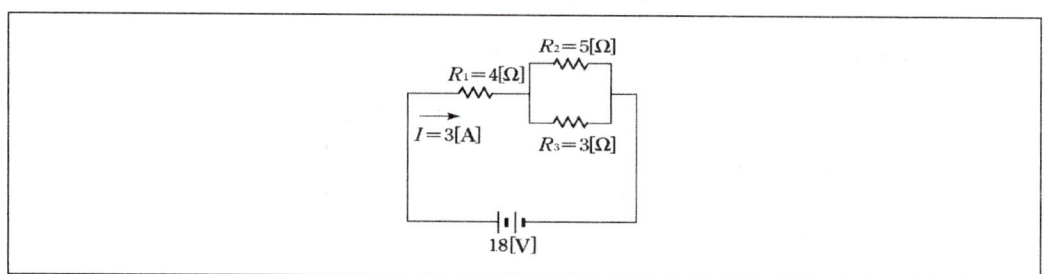

① 1[A]

② 2[A]

③ 3[A]

④ 4[A]

❊ NOTE ❊ 전체저항 $R = R_1 + \dfrac{R_2 R_3}{R_2 + R_3} = 4 + \dfrac{15}{8} ≒ 5.9[Ω]$

전체전류 $I = \dfrac{V}{R} = \dfrac{18}{5.9} ≒ 3[A]$

$I_3 = \left(\dfrac{R_3}{R_2 + R_3} \right) I = \dfrac{3}{8} \times 3 = 1.125 ≒ 1[A]$

14 다음 회로의 미저항 R_x를 구하면?

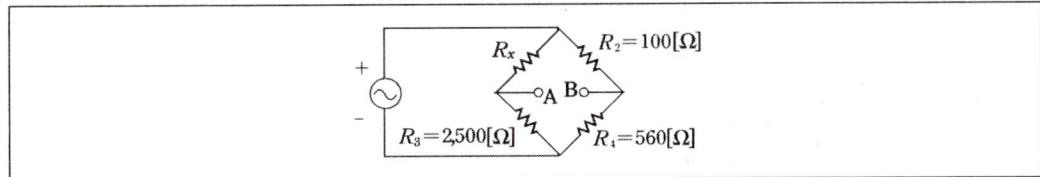

① 382[Ω]

② 446[Ω]

③ 521[Ω]

④ 621[Ω]

※ NOTE ※ $R_x = R_3 \left(\dfrac{R_2}{R_4} \right) = 2,500 \left(\dfrac{100}{560} \right) \fallingdotseq 446[\Omega]$

15 다음과 같은 회로에서 저항 0.4[Ω]에 흐르는 전류는?

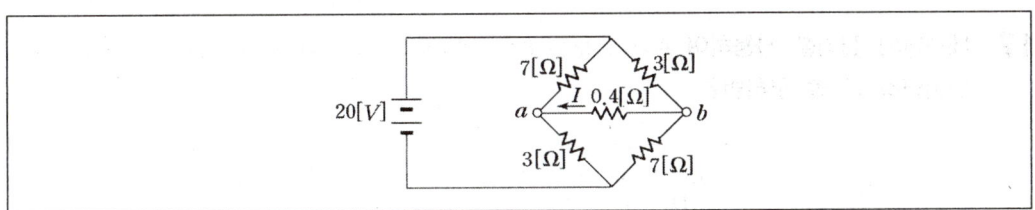

① 0.7[A]

② 1.74[A]

③ 1.42[A]

④ 2.1[A]

※ NOTE ※

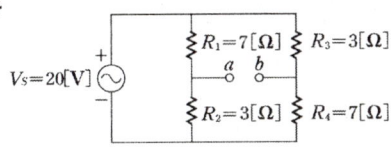

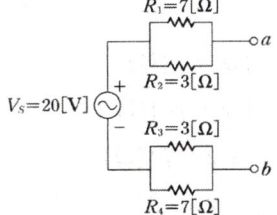

$V_a = \left(\dfrac{R_2}{R_1 + R_2} \right) V_S = \left(\dfrac{3}{7+3} \right) \times 20 = 6[\text{V}]$, $\quad V_b = \left(\dfrac{R_4}{R_3 + R_4} \right) V_S = \left(\dfrac{7}{7+3} \right) \times 20 = 14[\text{V}]$

테브난의 정리에 의해 a, b 양단을 개방하였을 때 V_0의 개방전압

$V_0 = V_{ab} = V_b - V_a = 14 - 6 = 8[\text{V}]$

전원을 제거하고 a, b 양단에서 본 합성저항 R_0를 구하면 $R_0 = \dfrac{3 \times 7}{3+7} + \dfrac{7 \times 3}{7+3} = 4.2[\Omega]$

전류$(i) = \dfrac{V_0}{R_0} = \dfrac{8}{4.2+0.4} \fallingdotseq 1.74[\text{A}]$

ANSWER – 12.② 13.① 14.② 15.②

16 테브난의 정리를 써서 A의 회로를 B의 회로로 만들고자 할 때 B회로의 합성저항 $R[\Omega]$은?

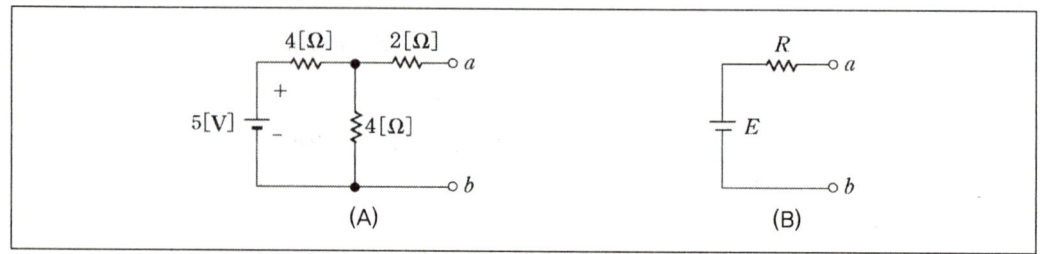

① 1

② 2

③ 3

④ 4

＊ **NOTE** ＊ 전압원을 단락했을 때 합성저항 $R = R_1 + \dfrac{R_2 R_3}{R_2 + R_3} = 2 + \dfrac{4 \times 4}{4 + 4} = 2 + 2 = 4[\Omega]$

17 테브난의 정리를 사용하여 A의 회로를 B의 회로로 만들고자 한다. B회로의 등가전압 V_T와 임피던스 Z_T를 구하면?

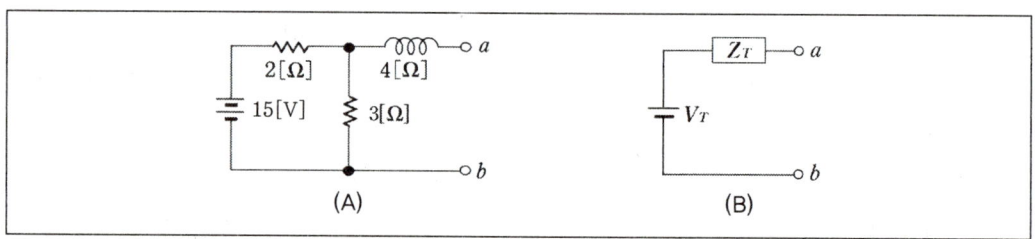

① $9[V],\ 1.2 - j4[\Omega]$

② $9[V],\ 1.2 + j4[\Omega]$

③ $15[V],\ 1.2 - j4[\Omega]$

④ $15[V],\ 1.2 + j4[\Omega]$

＊ **NOTE** ＊ $E = V_{ab} = 15 \times \dfrac{3}{2+3} = 9[V]$

$R = j4 + \dfrac{3 \times 2}{3 + 2} = j4 + 1.2[\Omega]$

18 다음 그림과 같은 회로에서 저항 R_2에서 소비될 수 있는 최대 전력[W]은?

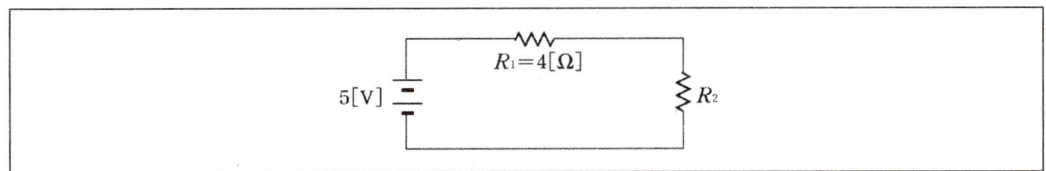

① 0

② 1.6

③ 2.5

④ 5

⑤ ∞

※ **NOTE** ※ 직렬회로에서의 최대 전력은 R_2가 4[Ω]일 때이다.

따라서 $P_{\max} = \dfrac{v^2}{4R_2} = \dfrac{5^2}{4 \times 4} = \dfrac{25}{16} = 1.6[\text{W}]$

19 다음 회로에서 R_2에 흐르는 전류 i는 몇 [A]인가?

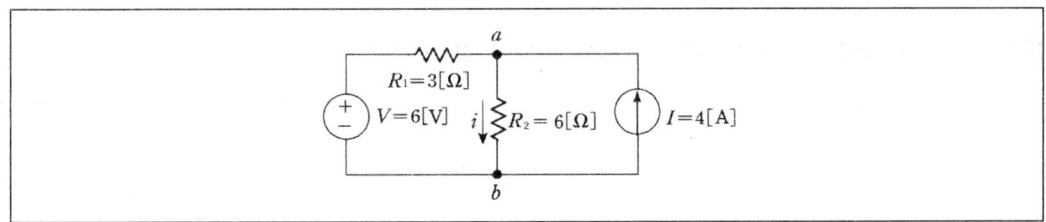

① 1[A]

② 2[A]

③ 3[A]

④ 4[A]

※ **NOTE** ※ 중첩의 원리 … 회로 내의 임의의 점의 전류 또는 임의의 두 점간의 전압을 해석할 때 나머지 전원은 제거하고 각각의 전원에 대해 해석한다. 즉, 전압원은 달락하고 전류원은 개방한다.

전류원 개방 $i' = \dfrac{V}{R} = \dfrac{6}{9}[\text{A}]$

전압원 단락 $i'' = i \times \dfrac{R_1}{R_1 + R_2} = 4 \times \dfrac{3}{3+6} = \dfrac{12}{9}[\text{A}]$

따라서 $i = i' + i'' = \dfrac{6}{9} + \dfrac{12}{9} = \dfrac{18}{9} = 2[\text{A}]$

20 다음과 같은 회로에서 저항 10[Ω]에 흐르는 전류는?

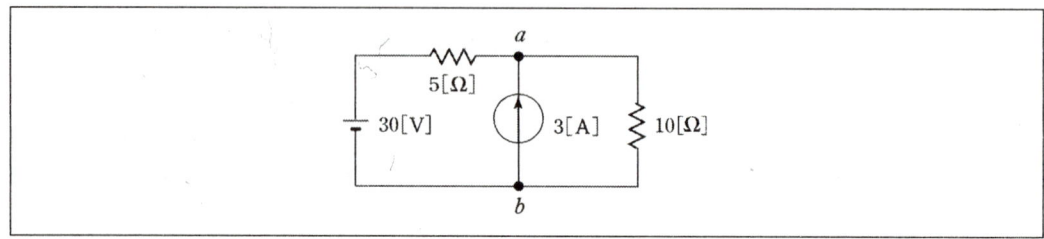

① 1[A]

② 2[A]

③ 3[A]

④ 4[A]

❋ **NOTE** ❋ 중첩의 정리에 의해 전류원 개방과 전압원 단락으로 해석을 하면

전류원 개방 $i' = \dfrac{30}{5+10} = \dfrac{30}{15} = 2[A]$

전압원 단락 $i'' = 3 \times \dfrac{5}{5+10} = \dfrac{15}{15} = 1[A]$

따라서 $i = i' + i'' = 2 + 1 = 3[A]$

21 다음 회로에서 R_1에서 흐르는 전류와 전압은 얼마인가?

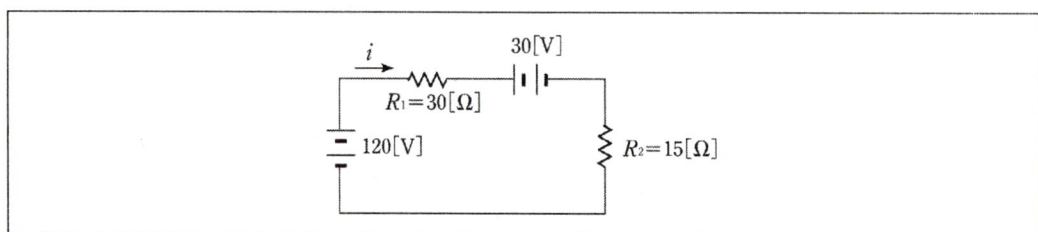

① 4[A], 12[V]

② 0.4[A], 12[V]

③ 2[A], 60[V]

④ 0.2[A], 6[V]

❋ **NOTE** ❋ 키르히호프의 법칙에 의해 정리하여 계산하면

$(-120) + 30i + 30 + 15i = 0$

$45i = 90$, $i = \dfrac{90}{45} = 2[A]$

옴의 법칙에 의해 전압을 구하면 $V = IR = 2 \times 30 = 60[V]$

03 2단자망과 4단자망회로

1 그림과 같은 단일 임피던스의 4단자 정수는?

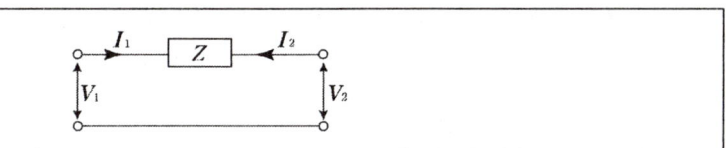

① $A=0$, $B=0$, $C=0$, $D=Z$ ② $A=1$, $B=1$, $C=0$, $D=Z$

③ $A=1$, $B=Z$, $C=0$, $D=0$ ④ $A=1$, $B=Z$, $C=0$, $D=1$

※ NOTE ※

$$A = \frac{V_1}{V_2}\bigg|_{(I_2=0)} = \frac{V_1}{V_1} = 1$$

$$B = \frac{V_1}{I_2}\bigg|_{(V_2=0)} = \frac{I_2 Z}{I_2} = Z$$

$$C = \frac{I_1}{V_2}\bigg|_{(I_2=0)} = \frac{0}{V_2} = 0$$

$$D = \frac{I_1}{I_2}\bigg|_{(V_2=0)} = \frac{I_1}{I_1} = 1$$

2 임피던스 $Z(S) = \dfrac{S+10}{S^2 + 2RLS + 1}$ 으로 주어진 2단자회로에 직류전원 30[A]를 가할 때 회로의 단자전압은?

① 30[V]   ② 90[V]

③ 300[V]   ④ 900[V]

※ NOTE ※ 직류이므로 $S=0$이므로 $Z(S)=10$

                   $V = Z(S)I = 10 \times 30 = 300[V]$

3 다음과 같은 2단자망회로의 임피던스 $Z(S)$는?

$$\circ\!\!-\!\!\!\bigwedge^{R}\!\!\!\!\!-\!\!\!\overset{L}{\text{mm}}\!\!-\!\!\circ$$

① $R + \dfrac{1}{SL}$

② $R + SL$

③ $SR + \dfrac{1}{SL}$

④ $SR + SL$

❋NOTE❋ RL 직렬회로의 임피던스이므로 $Z(S) = R + SL$이다.

4 다음 회로의 전송 파라미터 A, B, C, D의 값은?

$$\circ\!-\!\boxed{Z_1}\!-\!\!-\!\boxed{Z_2}\!-\!\circ$$
$$\boxed{Z_3}$$

① $\begin{bmatrix} 1 + \dfrac{Z_2}{Z_3} & 1 + \dfrac{Z_1}{Z_2} \\ \dfrac{1}{Z_3} & \dfrac{Z_1 Z_2 + Z_2 Z_3 + Z_3 Z_1}{Z_3} \end{bmatrix}$

② $\begin{bmatrix} 1 + \dfrac{Z_1}{Z_2} & 1 + \dfrac{Z_2}{Z_3} \\ \dfrac{1}{Z_3} & \dfrac{Z_1 Z_2 + Z_2 Z_3 + Z_3 Z_1}{Z_3} \end{bmatrix}$

③ $\begin{bmatrix} 1 + \dfrac{Z_1}{Z_3} & \dfrac{Z_1 Z_2 + Z_2 Z_3 + Z_3 Z_1}{Z_3} \\ \dfrac{1}{Z_3} & 1 + \dfrac{Z_2}{Z_3} \end{bmatrix}$

④ $\begin{bmatrix} 1 + \dfrac{Z_1}{Z_2} & \dfrac{1}{Z_3} \\ 1 + \dfrac{Z_2}{Z_3} & \dfrac{Z_1 Z_2 + Z_2 Z_3 + Z_3 Z_1}{Z_3} \end{bmatrix}$

❋NOTE❋

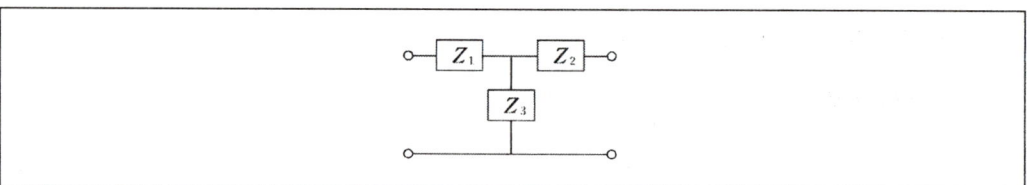

$$\begin{bmatrix} 1 & Z_1 \\ 0 & 1 \end{bmatrix}\begin{bmatrix} 0 & 1 \\ \dfrac{1}{Z_3} & 1 \end{bmatrix}\begin{bmatrix} 1 & Z_2 \\ 0 & 1 \end{bmatrix} = \begin{bmatrix} 1 + \dfrac{Z_1}{Z_3} & \dfrac{Z_1 Z_2 + Z_2 Z_3 + Z_3 Z_1}{Z_3} \\ \dfrac{1}{Z_3} & 1 + \dfrac{Z_2}{Z_3} \end{bmatrix}$$

5 2단자 임피던스 함수 $Z(S) = \dfrac{(S+1)(S+2)}{(S+4)(S+5)}$ 일 때 영점과 극점을 바르게 나타낸 것은?

	영점	극점
①	1, 2	4, 5
②	−1, −2	4, 5
③	1, 2	−4, −5
④	−1, −2	−4, −5
⑤	0	∞

✻ **NOTE** ✻ 영점은 전압이 최소가 되는 시점으로 $Z(S) = 0$이 될 때이다.
따라서 $(S+1)(S+2) = 0$, 영점은 −1, −2이다.
극점은 전류가 최소가 되는 시점으로 $Z(S) = \infty$ 이 될 때이다.
따라서 $(S+4)(S+5) = 0$, 극점은 −4, −5이다.

6 다음 그림에서의 최대 전력 전송 조건으로 옳은 것은?

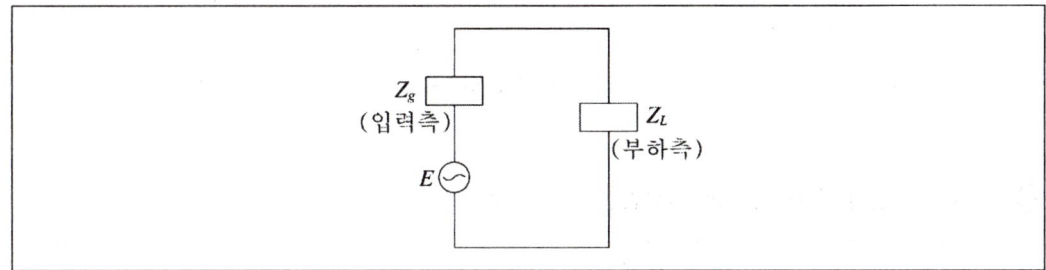

① $Z_S = Z_L$ ② $Z_S = Z_L = 1$

③ $Z_S > Z_L$ ④ $Z_S \neq Z_L$

✻ **NOTE** ✻ 부하에 공급되는 전력이 최대가 되려면 $Z_S = Z_L = 1$이 되어야 한다.

⊗ ANSWER − 3.② 4.③ 5.④ 6.②

7 임피던스 $Z(S) = \dfrac{S+7}{S}$ 로 표시되는 2단자회로망은?

① $a \circ \!-\!\overset{\text{1[H]}}{\text{WWW}}\!-\!\overset{\frac{1}{7}\text{[F]}}{|\ |}\!-\!\circ$

② $a \circ \!-\!\overset{\text{1[}\Omega\text{]}}{\text{WWW}}\!-\!\overset{\text{1[H]}}{\text{WWW}}\!-\!\circ$

③ $a \circ \!-\!\overset{\text{1[H]}}{\text{WWW}}\!-\!\overset{\text{7[F]}}{|\ |}\!-\!\circ$

④ $a \circ \!-\!\overset{\text{1[}\Omega\text{]}}{\text{WWW}}\!-\!\overset{\frac{1}{7}\text{[F]}}{|\ |}\!-\!\circ$

✱ NOTE ✱ $Z(S) = \dfrac{S+7}{S} = \dfrac{S}{S} + \dfrac{7}{S} = 1 + \dfrac{1}{jw\frac{1}{7}} = R + \dfrac{1}{j\omega C}$

따라서 $R=1[\Omega]$, $C=\dfrac{1}{7}$[F]인 직렬회로이다.

8 RC 직렬회로의 역률은?

① $\dfrac{R}{\sqrt{R^2 + {X_C}^2}} = \cos\theta$

② $\dfrac{{X_C}^2}{\sqrt{R^2 + X_C^2}} = \cos\theta$

③ $\dfrac{R}{\sqrt{R^2 + {X_L}^2}} = \cos\theta$

④ $\dfrac{{X_L}^2}{\sqrt{R^2 + {X_L}^2}} = \cos\theta$

✱ NOTE ✱ ② RC 병렬회로의 역률 ③ RL 직렬회로의 역률 ④ RL 병렬회로의 역률

9 다음 그림과 같은 4단자망 영상전달정수 γ 는?

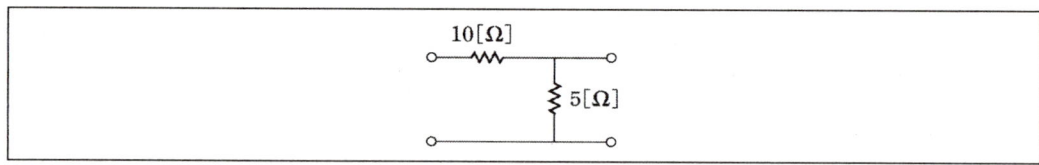

① 0.5

② 1

③ 2

④ 2.5

✱ NOTE ✱
$$\begin{bmatrix} 1 & Z_1 \\ 0 & 1 \end{bmatrix} \begin{bmatrix} 1 & 0 \\ \frac{1}{Z_2} & 1 \end{bmatrix} = \begin{bmatrix} 1 + \dfrac{Z_1}{Z_2} & Z_1 \\ \dfrac{1}{Z_2} & 1 \end{bmatrix} = \begin{bmatrix} 3 & 10 \\ \dfrac{1}{5} & 1 \end{bmatrix}$$

영상전달정수 $\gamma = \ln(\sqrt{AD} + \sqrt{BC})$

$= \ln\left(\sqrt{3\times1} + \sqrt{10\times\frac{1}{5}}\right) = \ln(\sqrt{3} + \sqrt{2})$

$= \ln(1.73 + 1.41) = \ln(3.14)$

$= 1.14 ≒ 1$

10 다음 그림과 같은 4단자망회로에서 4단자 정수 A, B, C, D의 값으로 옳지 않은 것은?

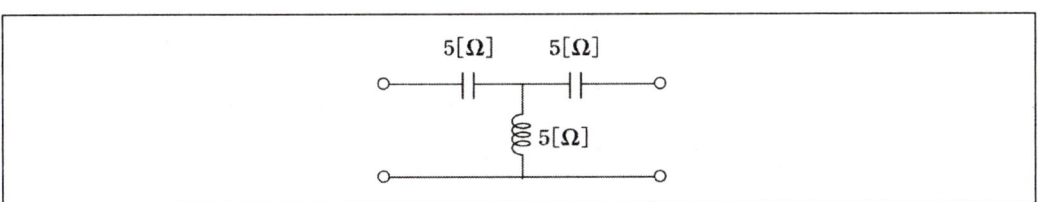

① $A = 2$ ② $B = \dfrac{1}{5}$

③ $C = \dfrac{1}{5}$ ④ $D = 1$

✽ **NOTE** ✽

$$\begin{bmatrix} 1 & Z_1 \\ 0 & 1 \end{bmatrix}\begin{bmatrix} 1 & 0 \\ \dfrac{1}{Z_2} & 1 \end{bmatrix} = \begin{bmatrix} 1+\dfrac{Z_1}{Z_2} & Z_1 \\ \dfrac{1}{Z_2} & 1 \end{bmatrix} = \begin{bmatrix} 2 & 5 \\ \dfrac{1}{5} & 1 \end{bmatrix}$$

$A = 2$, $B = 5$, $C = \dfrac{1}{5}$, $D = 1$

11 다음 그림과 같은 4단자회로망에서 4단자 정수 AD는?

① 0 ② 1

③ 2 ④ 3

✽ **NOTE** ✽

$$\begin{bmatrix} A & B \\ C & D \end{bmatrix} = \begin{bmatrix} 1 & -j5 \\ 0 & 1 \end{bmatrix}\begin{bmatrix} 1 & 0 \\ -j\dfrac{1}{5} & 1 \end{bmatrix}\begin{bmatrix} 1 & -j5 \\ 0 & 1 \end{bmatrix} = \begin{bmatrix} 0 & -j5 \\ -j\dfrac{1}{5} & 0 \end{bmatrix}$$

$A = 0$, $B = -j5$, $C = -j\dfrac{1}{5}$, $D = 0$이므로 $AD = 0$이다.

12 정 K형 필터에서 공진 임피던스 K와 임피던스 Z_1, Z_2의 관계식은?

① $K = \sqrt{Z_1 \cdot Z_2}$

② $K = \dfrac{1}{\sqrt{Z_1 \cdot Z_2}}$

③ $K = Z_1 \cdot Z_2$

④ $K = \dfrac{1}{Z_1 \cdot Z_2}$

✽ NOTE ✽ $K = \sqrt{\dfrac{L}{C}} = \sqrt{Z_1 \cdot Z_2}$

04 교류회로

1 유도 리액턴스의 주파수 특성이 아닌 것은?

① 직류를 제한하는 저항의 역할을 한다.
② 주파수가 높을수록 리액턴스도 커진다.
③ 전류의 위상이 전압보다 $\frac{\pi}{2}$[rad]만큼 뒤지게 한다.
④ 유도 리액턴스는 전압이 일정하면 주파수 f와 인덕턴스 L은 정비례 관계가 된다.
⑤ 여러가지 주파수가 혼합된 회로에서 코일은 높은 주파수의 전류를 억제하는 작용을 한다.

✳ NOTE ✳ 유도 리액턴스는 직류에 대해서 $\omega L=0\times L=0$이므로 직류를 제한하는 저항의 역할은 할 수 없다.

2 RLC회로에서 용량 리액턴스로 작용할 때 전압의 위상차는?

① 전류보다 $\frac{\pi}{2}$ 앞선다. ② 전류보다 $\frac{\pi}{2}$ 뒤진다.
③ 전류보다 π 앞선다. ④ 전류보다 π 뒤진다.
⑤ 위상차이는 없다.

✳ NOTE ✳ 용량 리액턴스로 작용을 하면 $\omega L < \frac{1}{\omega C}$이므로 전류는 전압에 비해 $\frac{\pi}{2}$[rad] 앞선다.

3 최대값 V_m인 정현파 교류의 전파정류 출력파형을 직류 전압계로 측정하면 얼마인가?

① $\frac{V_m}{2}$ ② $\frac{V_m}{\pi}$
③ $\frac{2V_m}{\pi}$ ④ $\frac{V_m}{2\pi}$

✳ NOTE ✳ 교류 순시값의 1주기 동안의 평균을 취하여 그 값을 교류의 크기로 하는 값을 평균값이라 하고 $\frac{2V_m}{\pi}$이다.

4 용량 리액턴스의 주파수 특성으로 옳지 않은 것은?

① 직류인 경우 주파수는 1이 된다.

② 콘덴서에 전하가 채워지는 짧은 시간 동안에는 전류가 흐른다.

③ 주파수가 매우 높으면 용량 리액턴스는 너무 작으므로 0으로 나타낼 수 있다.

④ 정전용량 C와 주파수 특성 f의 변화는 쌍곡선 형태의 그래프로 나타낸다.

⑤ 콘덴서는 직류에 대하여 ∞의 저항을 가지므로 콘덴서에는 직류가 흐를 수 없다.

✳NOTE✳ 직류인 경우 주파수가 0이고, $\omega=0$이 되므로 콘덴서는 직류에 대하여 ∞의 저항을 가지므로 콘 덴서에는 직류가 흐를 수 없다.

5 다음 중 교류의 크기를 교류와 동일한 열효과를 나타내는 직류의 크기로 바꿔 나타낸 값은?

① 순시값   ② 실효값

③ 평균값   ④ 파형률

✳NOTE✳ ① 시시각각 변하는 순간에서의 전압값을 나타내는 것이다.
③ 교류의 순시값을 1주기 동안의 평균을 취하여 나온 값을 교류파형의 크기로 나타내는 값이다.
④ 실효값에 대한 평균값을 나타낸 것으로 신호파형의 형태를 알 수 있다.

6 어떤 전등선의 실효전압이 100[V]일 때 이 교류전압의 최대값은?

① 122.8[V]   ② 130.2[V]

③ 141.4[V]   ④ 153.3[V]

✳NOTE✳ 최대값 $V_m = V \times \sqrt{2} = 100\sqrt{2} = 141.4[V]$

7 용량이 5[μF]인 콘덴서에 주파수 60[Hz]인 교류전원을 가할 때 용량 리액턴스[Ω]는?

① 100[Ω]   ② 130[Ω]

③ 530[Ω]   ④ 600[Ω]

✳NOTE✳ $X_c = \dfrac{1}{\omega C} = \dfrac{1}{2\pi f C} = \dfrac{1}{2 \times 3.14 \times 60 \times 5 \times 10^{-6}} \fallingdotseq 530[\Omega]$

8 교류신호에 대한 설명으로 옳지 않은 것은?

① 순시값의 가장 큰 값은 V_m이다.

② 양의 최대값과 음의 최대값 사이의 크기는 V_{pp}이다.

③ 교류의 크기를 교류와 동일한 일을 하는 직류로 나타낸 값을 실효값이라 한다.

④ 순시값 1주기의 평균값을 직류로 나타낸 값을 평균값이라 한다.

⑤ 평균값은 실효값의 약 1.11배이다.

✱**NOTE**✱ 실효값과 평균값 V_{av}의 관계 $\dfrac{V_{eff}}{V_{av}} = \dfrac{\pi}{2\sqrt{2}} = 1.11$이므로

정현파 교류의 실효값은 평균값 1.11배이다.

9 10[Ω]의 저항과 10[Ω]의 리액턴스가 병렬로 연결되었을 때의 역률은?

① 1

② $\dfrac{1}{\sqrt{2}}$

③ $\sqrt{2}$

④ 0

✱**NOTE**✱ RL 병렬회로의 역률 $\cos\theta = \dfrac{G}{Y} = \dfrac{Z}{R} = \dfrac{X_L}{\sqrt{R^2 + X_L{}^2}} = \dfrac{10}{10\sqrt{2}} = \dfrac{1}{\sqrt{2}}$

10 RLC 직렬공진에 대한 설명 중 옳지 않은 것은?

① 임피던스가 최대가 되어 전류는 최소로 흐른다.

② 전압과 전류의 위상은 동상이다.

③ 각 소자 양단의 전압은 인가전압보다 클 수 있다.

④ 선택도는 $\dfrac{\omega L}{R}$로 계산한다.

✱**NOTE**✱ 직렬공진시 임피던스가 최소가 되므로 전류는 최대로 흐른다.

RLC 직렬회로의 임피던스 $Z = R + j\left(\omega L - \dfrac{1}{\omega C}\right)$에서 공진시 $\omega L = \dfrac{1}{\omega C}$이 되므로 $Z = R$이 된다.

$I = \dfrac{V}{R}$에서 R이 최소가 되므로 전류 I는 최대로 흐른다. 이를 이상적인 공진회로라 하고 전압과

전류는 동위상이 된다.

⊗ ANSWER – 4.① 5.② 6.③ 7.③ 8.⑤ 9.② 10.①

11 RLC회로에서 직렬공진 조건은?

① $\omega L = \omega C$ ② $R = \omega L - \dfrac{1}{\omega C}$

③ $\omega L = \dfrac{1}{\omega C}$ ④ $R = \omega L - \omega C$

✱ **NOTE** ✱ RLC회로의 직렬공진 조건은 유도 리액턴스(ωL)와 용량 리액턴스$\left(\dfrac{1}{\omega C}\right)$가 동일할 경우이다.

12 다음 그림과 같은 직렬회로에 $V = 8 + j4$[V]인 전압을 인가했을 때 전류는 얼마인가?

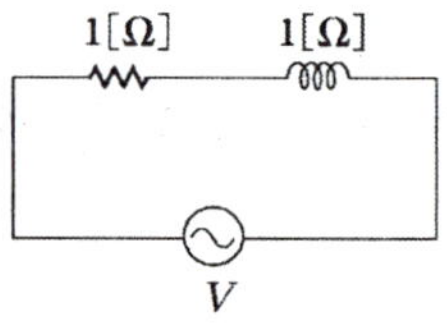

① $8 + 4j$ ② $8 - 4j$

③ $6 + 2j$ ④ $6 - 2j$

✱ **NOTE** ✱ $I = \dfrac{V}{R} = \dfrac{8+j4}{1+j} = \dfrac{(8+j4)(1-j)}{(1+j)(1-j)} = \dfrac{8-j8+j4+4}{1+j-j+1} = \dfrac{12-4j}{2} = 6-2j$

13 인덕턴스 L이 0.1[H]인 코일과 정전용량이 0.1[μF]인 콘덴서를 직렬로 접할 때 공진 주파수는?

① 1.5[kHz] ② 2.8[kHz]

③ 3.4[kHz] ④ 3.7[kHz]

✱ **NOTE** ✱ $f = \dfrac{1}{2\pi\sqrt{LC}} = \dfrac{1}{2\times 3.14 \times \sqrt{0.1 \times 0.1 \times 10^{-6}}} = \dfrac{1}{2 \times 3.14 \times \sqrt{10^{-8}}}$
$= 1{,}592[\text{Hz}] = 1.5[\text{kHz}]$

14 저항과 용량 리액턴스가 각각 10[Ω]인 직렬회로에 100[V]의 정현파를 가할 때 회로의 소비전력은?

① 200[W]　　　　　　　　　　　② 300[W]

③ 400[W]　　　　　　　　　　　④ 500[W]

✳ NOTE ✳　$Z = \sqrt{R^2 + {X_C}^2} = \sqrt{10^2 + 10^2} \fallingdotseq 14.14[\Omega]$

$I = \dfrac{V}{Z} = \dfrac{100}{14.14} \fallingdotseq 7,072[A]$

$P = I^2 R = (7.072)^2 \times 10 \fallingdotseq 500[W]$

15 $e(t) = 100\sin(\omega t + 60°)$[V]이고 $i(t) = 15\sin(\omega t + 30°)$[A]일 때 평균전력은?

① 375　　　　　　　　　　　② 450

③ 482　　　　　　　　　　　④ 650

✳ NOTE ✳　$P = VI\cos\theta = \dfrac{100}{\sqrt{2}} \times \dfrac{15}{\sqrt{2}} \times \cos(60° - 30°) = \dfrac{1,500}{2} \times \dfrac{\sqrt{3}}{2} \fallingdotseq 650[W]$

ANSWER – 11.③ 12.④ 13.① 14.④ 15.④

연산 증폭기

01. 연산 증폭기의 특성
02. 차동 연산 증폭기
03. 연산 증폭회로의 응용

01 연산 증폭기의 특성

1 다음 회로에 대한 설명 중 옳은 것은?

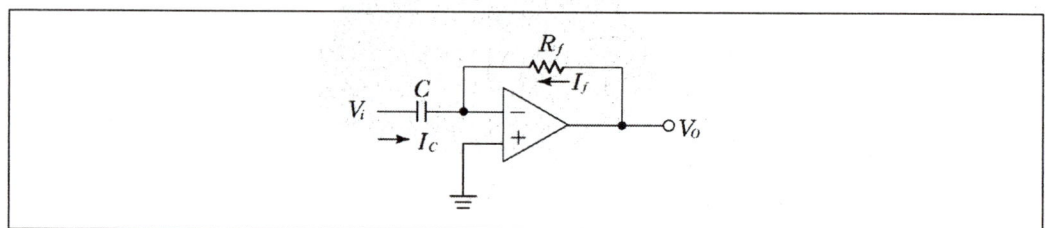

① 출력은 삼각파가 나온다.　　　　② 출력은 구형파가 나온다.

③ 저역 통과 필터에 사용된다.　　　④ 적분회로를 나타낸 것이다.

　　❋ **NOTE** ❋ 입력은 삼각파이고 출력은 구형파이다.

2 다음 중 연산 증폭기의 특성에 대한 설명으로 옳지 않은 것은?

① 입력저항이 매우 작다.　　　　　② 출력저항이 매우 작다.

③ 전압이득이 매우 크다.　　　　　④ 전류이득이 매우 크다.

　　❋ **NOTE** ❋ 연산 증폭기의 특징
　　　　　　　　 ㉠ 전압이득, 입력저항, 대역폭이 무한대이다.
　　　　　　　　 ㉡ 출력저항, 지연응답, off-set이 0이다.
　　　　　　　　 ㉢ 특성의 변동 및 잡음이 없다.

3 연산 증폭기의 설명으로 옳지 않은 것은?

① 직류에서 특성 주파수 사이의 되먹임 증폭기를 구성하여 일정한 연산을 할 수 있도록 한 직류 증폭기이다.

② 연산의 정확도를 높이기 위해 낮은 증폭도가 필요하다.

③ 직렬 차동 증폭기를 사용하여 구성한다.

④ 차동 증폭기에서 트랜지스터 특성의 불일치로 출력에 드리프트가 생긴다.

　　❋ **NOTE** ❋ 연산 증폭기는 정확도를 높이기 위해 큰 증폭도와 높은 안정도를 필요로 한다.

4 연산 증폭기의 성질에 관한 설명 중 옳지 않은 것은?

① 전압이득이 매우 크다.　　　　② 입력 임피던스가 매우 작다.

③ 출력 임피던스가 매우 작다.　　④ 전력이득이 매우 크다.

> ✱ NOTE ✱ R_i 가 ∞이므로 이상적인 연산 증폭기의 입력 임피던스는 매우 크다.

5 다음 중 연산 증폭기에 대한 설명으로 옳지 않은 것은?

① 입력단자는 영상입력과 동상입력의 2개가 있다.

② 증폭도가 대단히 큰 직류 증폭회로이다.

③ 입력 임피던스가 대단히 적다.

④ 출력 임피던스가 대단히 적다.

> ✱ NOTE ✱ 이상적인 연산 증폭기의 경우 ∞의 입력 임피던스를 갖기 때문에 연산 증폭기의 입력 임피던스는 대단히 크다.

6 연산 증폭기에서 입력 오프셋 전압이란?

① 증폭기의 평형을 유지하기 위한 입력단자 사이에 공급하여야 할 전압이다.

② 출력전압이 ∞가 되게 하기 위한 입력단자 사이의 전압이다.

③ 출력전압과 입력전압이 동일하게 될 때의 증폭기의 입력전압이다.

④ 출력전압이 ∞가 될 때의 입력단자의 최대 전류이다.

> ✱ NOTE ✱ 입력 오프셋 전압 드리프트(drift) $= \dfrac{\text{입력 오프셋 전압의 변화}}{\text{온도의 변화}} = \dfrac{\Delta V_{io}}{\Delta T}$

7 이상적인 연산 증폭기의 두 입력전압이 $V_1 = V_2$일 때 출력전압은?

① ∞　　　　　　　　　　　　② $2V_1$

③ V_1　　　　　　　　　　　④ 0

> ✱ NOTE ✱ 이상적인 연산 증폭기는 입력저항 R_i 가 ∞이고, 출력저항 R_o 가 0이다.

ANSWER – 1.② 2.① 3.② 4.② 5.③ 6.① 7.④

8 다음은 이상적인 연산 증폭기를 이용한 회로이다. 출력전압 V_o는 얼마인가?

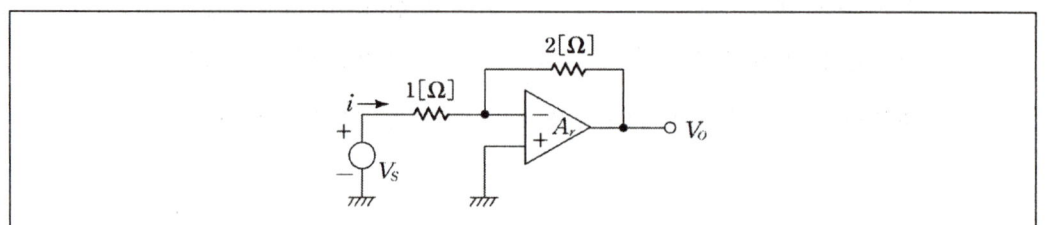

① $-2V_S$

② $-\dfrac{1}{2}V_S$

③ $\dfrac{1}{2}V_S$

④ $2V_S$

❋ NOTE ❋ $V_o = \dfrac{R_2}{R_1}V_S = \dfrac{-2}{1}V_S = -2V_S$

9 이상적인 연산 증폭기의 전압이득 $A_v = \infty$ 일 때 회로의 조건은?

① 단락회로의 전압이득

② 부하를 접속했을 때의 전압이득

③ 개방회로의 전압이득

④ 정합되었을 때의 전압이득

❋ NOTE ❋ $A_v = \infty$, $V_v = \infty$가 되려면 입력전압 $A_v = -\dfrac{R_i}{R}$에서 $R_i = \infty$, $R_o = 0$이 되어야 한다.

10 다음 중 연산 증폭기의 입력으로 주로 사용되는 증폭기는?

① 전류 증폭기

② 전압 증폭기

③ 임피던스 증폭기

④ 차동 증폭기

❋ NOTE ❋ 연산 증폭기는 입력으로 주로 차동 증폭기를 사용한다.

11 다음 중 연산 증폭기 설계시 고려해야 할 사항이 아닌 것은?

① 입력저항 $R_i = \infty$

② 출력저항 $R_o = 0$

③ 대역폭 $B = \infty$

④ 개루프 이득 $A_v = 0$

❋ NOTE ❋ ④ 개방회로의 전압이득 $A_v = \infty$가 되어야 이상적인 연산 증폭기이다.

12 다음 회로의 출력전압 V_o 값[V]은? (단, 회로에서 사용된 op-amp는 이상적인 동작 특성을 갖는 것으로 가정한다)

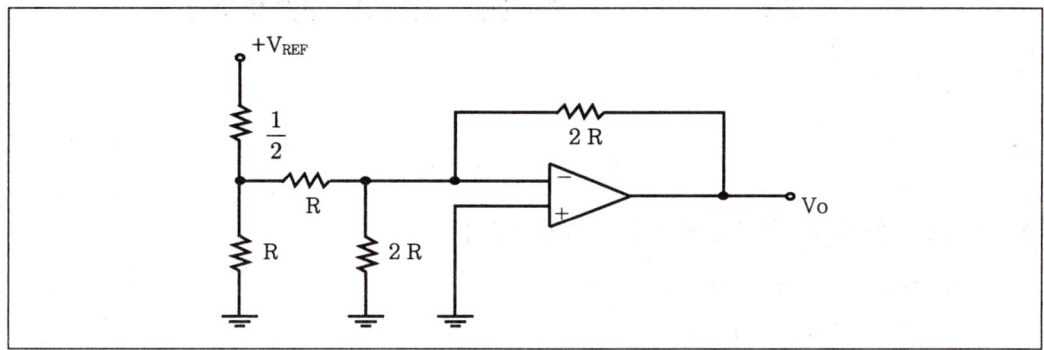

① $-V_{REF}/2$ ② $-V_{REF}$

③ $-2\,V_{REF}$ ④ $-4\,V_{REF}$

✽ **NOTE** ✽ 이상적인 동작 특성을 갖는 연산 증폭기로 입력이 반전되어 출력으로 나온다. 따라서 입력이 $+V_{REF}$ 이므로 출력은 $-V_{REF}$

13 OP-Amp에서 $V_o = 0$일 때, 두 입력단자 사이의 전압을 나타내는 것은?

① 입력 오프셋 전압   ② 입력 드리프트 전압

③ 입력 바이어스 전압   ④ 슬루 레이트 전압

✽ **NOTE** ✽ 증폭기의 평형을 유지하기 위해 입력단자 사이에 공급하는 전압을 입력 오프셋(off-set) 전압이라 한다.

14 이상적인 연산 증폭기가 갖추어야 할 조건으로 옳지 않은 것은?

① 입력 임피던스는 ∞ 이어야 한다.   ② 출력 임피던스는 ∞ 이어야 한다.

③ 오프셋 전압은 1이어야 한다.   ④ 오프셋 전압은 0이어야 한다.

✽ **NOTE** ✽ 무신호시 출력이 0이 되도록 입력 측의 두 단자간에 일정하게 인가하는 전압을 오프셋 전압이라 하며 이상적인 연산 증폭기에서는 오프셋 전압은 0이 되어야 한다.

ANSWER – 8.① 9.③ 10.④ 11.④ 12.② 13.① 14.③

02 차동 연산 증폭기

1 **차동 연산 증폭기의 특징으로 옳지 않은 것은?**

① 직류, 교류 모두 증폭할 수 있다.

② 부품의 절대값이 변화해도 증폭이 안정하다.

③ 동작온도 변화에도 상쇄되어 동작이 안정하다.

④ 증폭도가 보통 방식보다 크다.

> ✳ **NOTE** ✳ 차동 증폭기의 특징
> ㉠ 입력전압의 차가 출력전압으로 얻어지므로 DC에서 고주파 증폭까지 할 수 있다.
> ㉡ 각 부품의 온도 변화에 따른 특성이 변화해도 출력전압에는 변동이 극히 적다.
> ㉢ 종합 증폭도는 음극접지 단일 진공관의 경우와 같다.

2 **그림의 회로에서 TR₃의 목적은?**

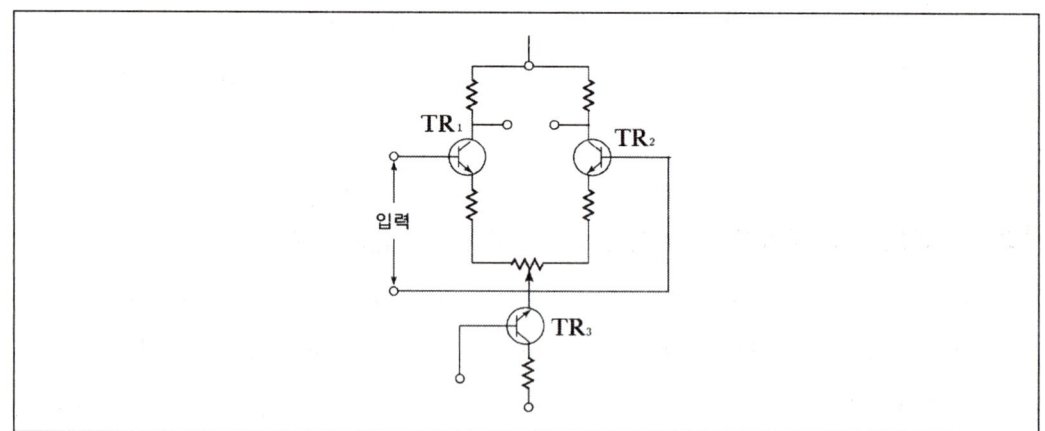

① 정전류용

② 증폭용

③ 달링톤 접속용

④ 동위상 신호 제거비를 낮추는 기능

> ✳ **NOTE** ✳ TR₃은 TR₁, TR₂의 에미터 저항과 더불어 정전류회로로 동작하며, 거의 ∞가 되도록 하여 동위상 신호 제거비를 크게 한다.

3 다음 전압 플로워회로에 대한 설명으로 옳은 것은?

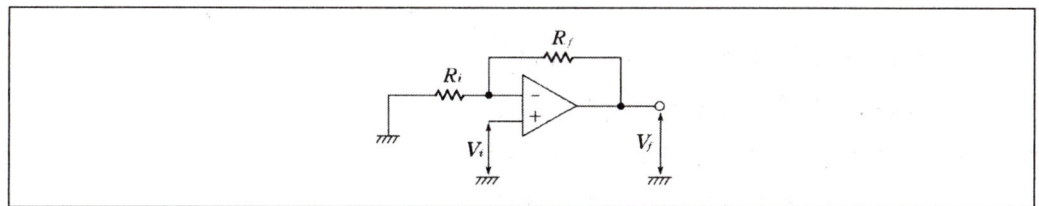

① $R_i = 0$, $R_f = \infty$ 일 때 loop이득은 0이다.

② $R_i = \infty$, $R_f = 0$ 일 때 loop이득은 1이다.

③ 낮은 임피던스 신호원에서 신호를 검출할 때 사용한다.

④ 반전형 되먹임회로의 일종이다.

　✻ NOTE ✻ 동상 증폭회로의 증폭도 $A = 1 + \dfrac{R_2}{R_1} = 1 + \dfrac{0}{\infty} = 1$

4 그림은 전압 병렬 되먹임회로를 갖는 연산 증폭기이다. Z=1[MΩ], Z_f=1[MΩ]일 때 전압이득 A_{vf} 는?

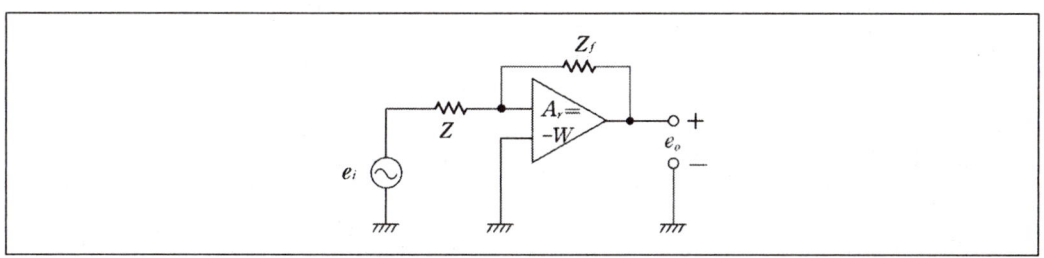

① -1　　　　　　　　　　　② -2

③ -3　　　　　　　　　　　④ -4

　✻ NOTE ✻ 입력과 역상의 출력전압이 얻어지는 역상 증폭회로이다.

$$A_{vf} = -\frac{Z_f}{Z} = -\frac{1}{1} = -1$$

⬡ ANSWER – 1.④ 2.① 3.② 4.①

5 차동 증폭기에서 동위상 신호 제거비 $CMRR$이 어떻게 변할 때 우수한 평형특성을 가지는가?

① 차동이득과 동위상이득이 클수록 좋다.

② 차동이득은 작고, 동위상은 클수록 좋다.

③ 차동이득은 크고, 동위상은 작을수록 좋다.

④ 차동이득과 동위상이득이 작을수록 좋다.

❋ NOTE ❋ 동위상 신호 제거비 $CMRR = \dfrac{\text{차동이득}}{\text{동위상이득}}$

차동 증폭기는 동위상 즉, 같은 진폭의 입력신호에 대한 감도(동위상이득)를 차동입력에 대한 감도(차동이득)와 비교할 때, 차동이득은 크고, 동위상이득은 작을수록 우수한 평형특성을 가진다.

6 다음 그림에서 증폭도 A를 구하는 식으로 옳은 것은?

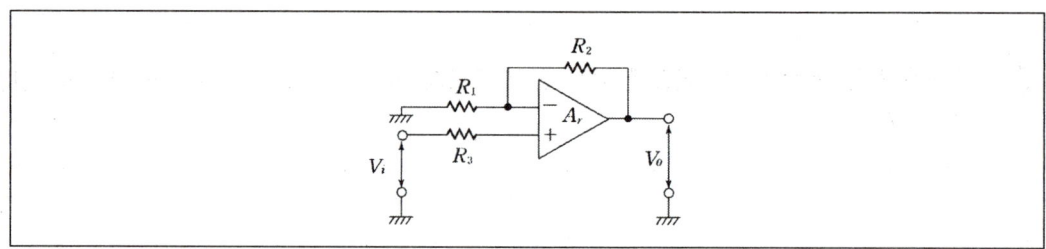

① $A = 1 - \dfrac{R_2}{R_1}$ ② $A = 1 + \dfrac{R_2}{R_1}$

③ $A = \dfrac{R_2}{R_1}$ ④ $A = \dfrac{R_1}{R_2}$

❋ NOTE ❋ 동상 증폭회로이므로 증폭도는 다음과 같이 구한다.

음되먹임이 없을 경우 입력전압 $V_a = V_i$

음되먹임이 있을 경우 $V_b = V_i - \dfrac{R_1}{R_1 + R_2} V_o$

되먹임 전압 $V_f = |V_a - V_b| = \dfrac{R_1}{R_1 + R_2} V_o$

증폭도 $A = \dfrac{V_o}{|V_a - V_b|} = \dfrac{R_1 + R_2}{R_1} = 1 + \dfrac{R_2}{R_1}$

7 차동 증폭기의 입력전압과 출력전압이 각각 10[V], 10[mV]일 때 전압이득은?

① 10^{-1} ② 10^{-2}

③ 10^{-3} ④ 10^{-4}

　✸ **NOTE** ✸　$A_v = \dfrac{V_o}{V_i} = \dfrac{10 \times 10^{-3}}{10} = 10^{-3}$

8 다음 그림과 같은 차동 증폭기의 전압이득 $A_v = 10^6$, 입력전압 $V_i = 20[\mu V]$일 때　출력전압 V_o [V]는 얼마인가?

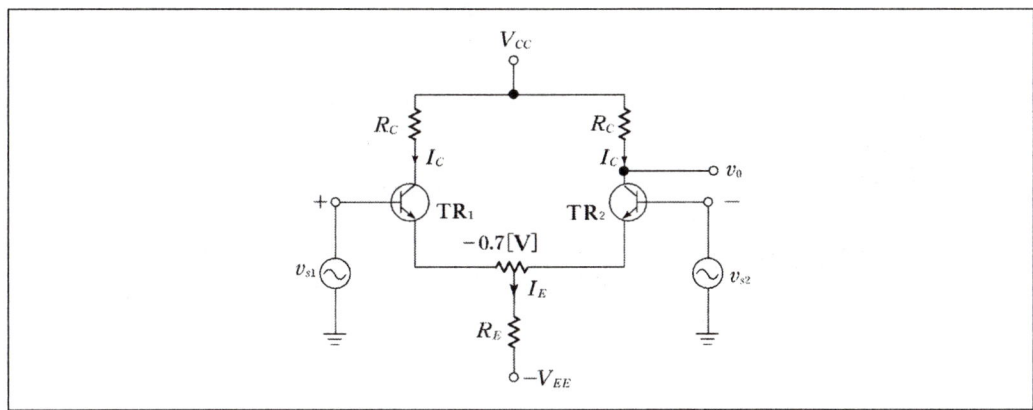

① 10 ② 20

③ 30 ④ 40

　✸ **NOTE** ✸　$A_v = \dfrac{V_o}{V_i}$,　$V_o = A_v \cdot V_i = 10^6 \times 20 \times 10^{-6} = 20[V]$

9 차동 연산 증폭기에 대한 설명으로 옳지 않은 것은?

① 온도에 안정적이다.

② 2개의 입력이 동시에 인가되면 잡음이 제거된다.

③ 전류 증폭이 가능하다.

④ 차동이득이 작고 동위상이득이 크면 평행특성이 좋아진다.

　✸ **NOTE** ✸ 차동 연산 증폭기의 우수한 평행특성을 가지려면 동위상이득은 작고 차동이득은 커야한다.

ANSWER – 5.③ 6.② 7.③ 8.② 9.④

10 다음 회로에서 차동이득 A_d=200, 동상이득 A_c=0.2 일 때, 동상 신호 제거비 $CMRR$로 옳은 것은?

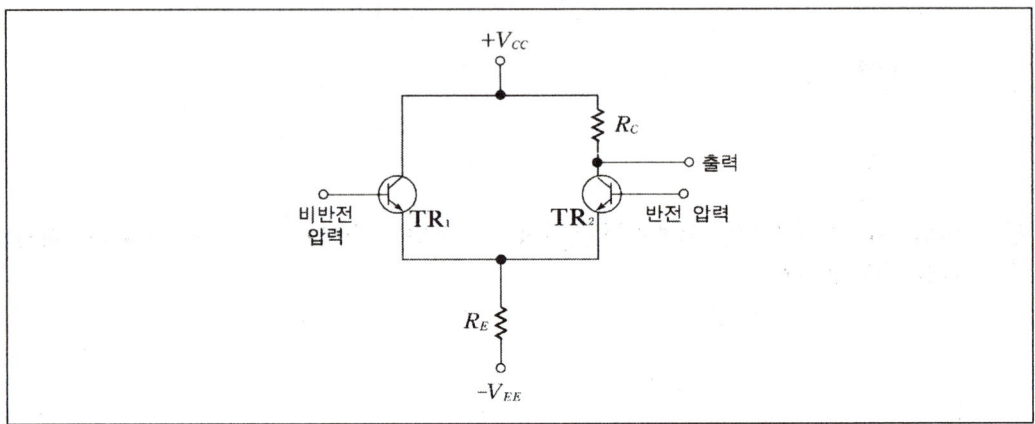

① 30[dB]   ② 40[dB]

③ 50[dB]   ④ 60[dB]

✻ NOTE ✻ $CMRR = \dfrac{\text{차동이득}}{\text{동위상이득}} = \dfrac{200}{0.2} = 1,000$

$20\log10^3 = 60[\text{dB}]$

11 다음 중 차동 증폭기의 성능계수 역할을 하는 것은?

① 동상 신호 제거비($CMRR$)   ② 데시벨(dB)

③ β(feedback ratio)   ④ α(증폭률)

✻ NOTE ✻ 동상 신호 제거비 $CMRR$는 차동 증폭기의 성능을 나타낸다.

$CMRR = \dfrac{\text{차동이득}}{\text{동위상이득}}$ 으로 차동이득은 크고, 동위상이득은 작을수록 우수한 평형특성을 가진다.

03 연산 증폭회로의 응용

1 **다음 중 연산 증폭기의 응용회로가 아닌 것은?**

① 가산기　　② 배율기
③ 변환기　　④ 적분기

※ NOTE ※ 연산 증폭기의 응용회로로는 전압 플로워회로, 감산기, 비교기, 피크 검출회로, 대수 증폭회로, 가산기, 미분기, 적분기, 변환기 등이 있다.

2 **다음 회로에서 $Y = -0.5\int Xdt$의 결과를 얻을 수 있는 R과 C의 값은?**

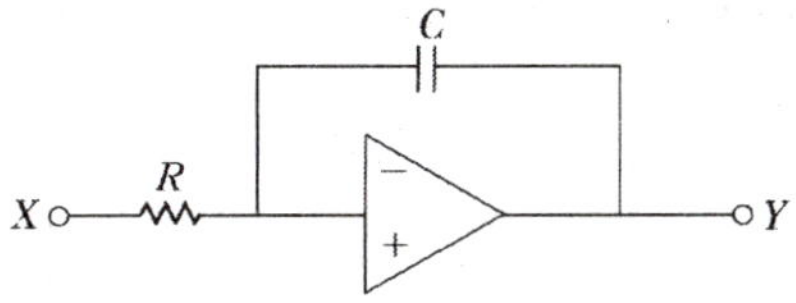

① $R = 1[\text{M}\Omega], \text{C} = 0.5[\mu\text{F}]$
② $R = 1[\text{M}\Omega], \text{C} = -0.5[\mu\text{F}]$
③ $R = 1[\text{M}\Omega], \text{C} = -2[\mu\text{F}]$
④ $R = 1[\text{M}\Omega], \text{C} = 2[\mu\text{F}]$

※ NOTE ※ $Y = \frac{1}{CR}\int Xdt = -0.5\int Xdt$

$-0.5 = \frac{1}{CR}$　$\therefore CR = -2$

ANSWER – 10.④ 11.① / 1.② 2.③

3 다음 회로에서 전압이득 A_v는?

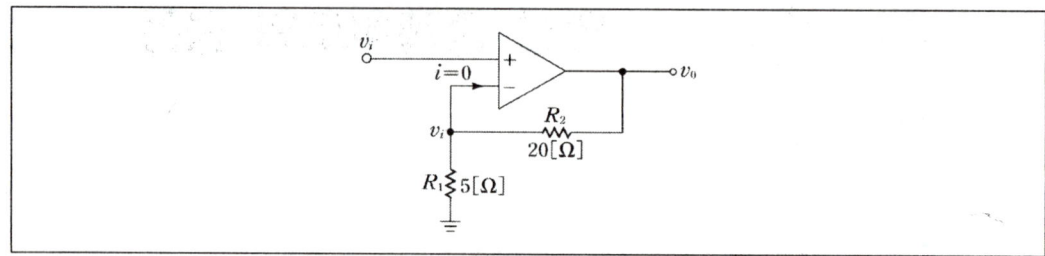

① 5   ② 10

③ 15   ④ 20

✳ **NOTE** ✳ 비반전 증폭기이므로

$$A_v = \frac{v_o}{v_i}, \quad v_i = \frac{R_1}{R_1 + R_2} v_o \text{ 이므로}$$

$$A_v = 1 + \frac{R_2}{R_1} = 1 + \frac{20}{5} = 5$$

4 다음 회로에 대한 설명으로 옳지 않은 것은?

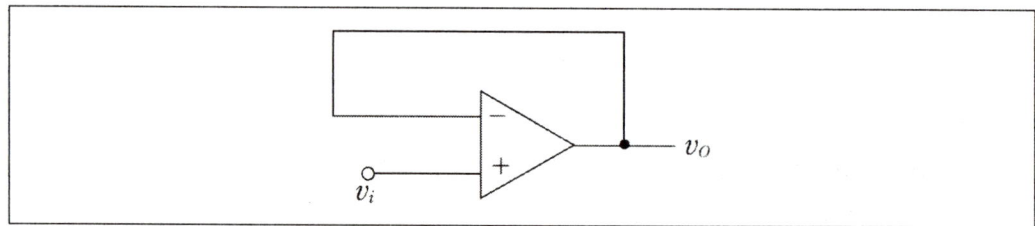

① 출력전압은 입력전압과 동일하다.

② 전압 플로워를 나타낸다.

③ 입력저항이 낮고 출력저항이 높다.

④ 구동회로의 부하 효과를 방지하는 데 사용한다.

✳ **NOTE** ✳ 반전 입력단자가 직접 출력측에 연결되어 $v_o = v_i$ 이며, 입력저항이 높고 출력저항이 낮다.

5 다음 중 증폭기의 출력을 안정하게 낼 수 있는 회로는?

① 적분기　　　　　　　　　　　　　② 미분기
③ 고입력저항 차동 증폭회로　　　　④ 가변 표준 전원회로

❋NOTE❋ ① 연산 증폭기의 되먹임 임피던스에 콘덴서를 사용하여 주어진 전압의 적분값에 비례하는 전압을 얻는 연산기회로이다.
② 연산 증폭기의 되먹임 임피던스에 저항을 사용하여 주어진 전압의 미분값에 비례하는 전압을 얻는 연산기회로이다.
③ 부호변환기의 증폭기 이득이 크므로 입력 단자전압은 아주 작은 값이 되어 입력전압의 대부분이 입력저항에 걸리게 된다. 입력저항을 너무 크게 할 수 없을 경우에 사용하는 증폭회로이다.

6 다음 그림은 가산기를 나타내는 회로이다. 이 가산기의 출력 e_o는? (단, R_1, R_2, R_3, R_f 는 모두 같다)

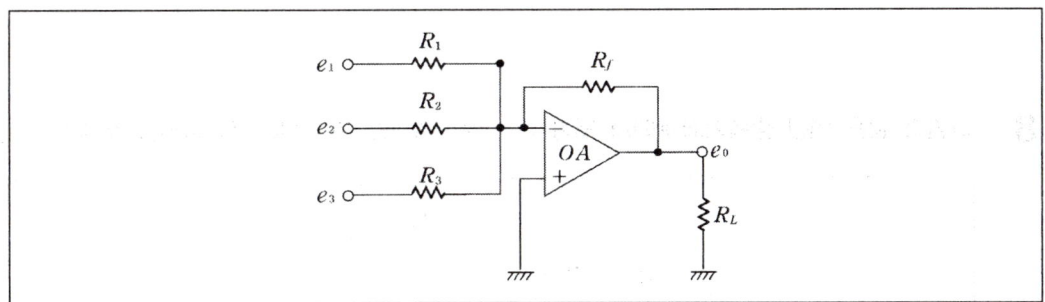

① $\dfrac{-R_f}{R_L}e_1$　　　　　　　　　　　② $-(e_1 + e_2 + e_3)$

③ $-\left(\dfrac{R_f}{R_1 + R_2 + R_3}\right)e_2$　　　　④ $e_1 + e_2 + e_3$

❋NOTE❋ $i = \dfrac{e_1}{R_1} + \dfrac{e_2}{R_2} + \dfrac{e_3}{R_3}$, $e_o = -R_f \cdot i$ 이므로

$$e_o = -\left(\frac{R_f}{R_1}e_1 + \frac{R_f}{R_2}e_2 + \frac{R_f}{R_3}e_3\right)$$

여기서 R_1, R_2, R_3, R_f 는 모두 같으므로 $e_o = -(e_1 + e_2 + e_3)$

❀ ANSWER – 3.① 4.③ 5.④ 6.②

7 V_1=1[V], V_2=3[V]를 가진 다음과 같은 연산 증폭회로에서 출력전압 V_o를 나타낸 것은? (단, 증폭도 $A = \infty$)

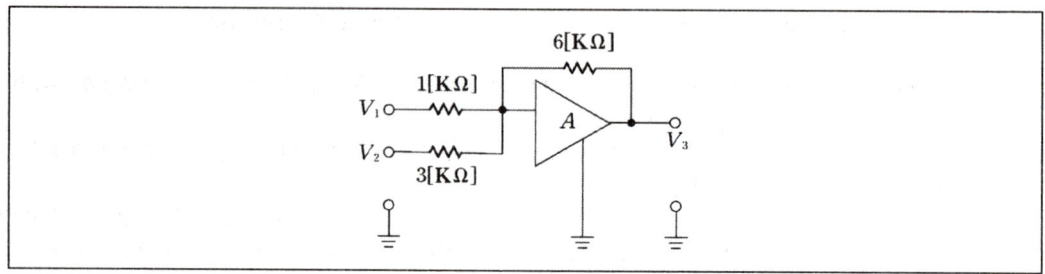

① -12[V]

② -6[V]

③ -1.5[V]

④ 10[V]

※ **NOTE** ※ 덧셈 연산 증폭회로의 출력전압 V_o는

$$V_o = -\left(\frac{R_f}{R_1}V_1 + \frac{R_f}{R_2}V_2\right) = -\left(\frac{6}{1}\times1 + \frac{6}{3}\times3\right) = -12[V]$$

8 그림과 같은 연산 증폭기회로에서 저항 R_1, R_2, R_3, R_f 가 각각 1[Ω]이라고 할 때 V_o는?

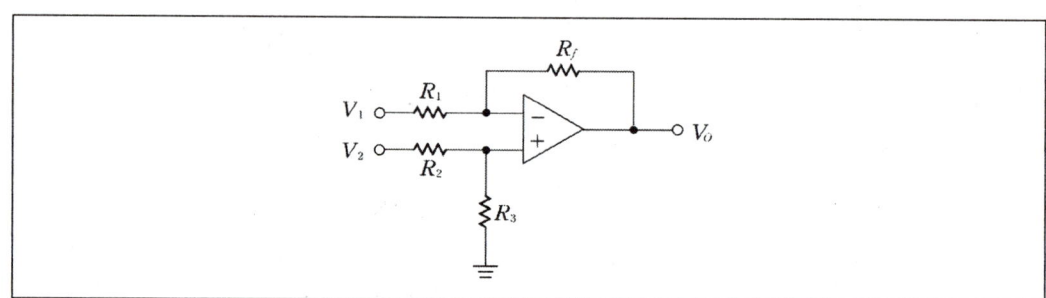

① $V_o = V_2 + V_1$

② $V_o = V_2 - V_1$

③ $V_o = \dfrac{V_2}{V_1}$

④ $V_o = \dfrac{V_1}{V_2}$

※ **NOTE** ※ 그림의 회로는 감산기이다.

$$V_o = \frac{R_f}{R_1}(V_2 - V_1) = \frac{1}{1}(V_2 - V_1) = V_2 - V_1$$

9 그림과 같은 미분회로에 사인파 V_i를 가했을 경우 출력 V_o는?

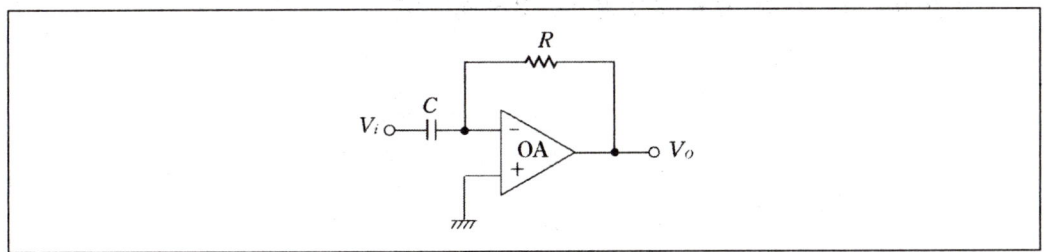

① $\dfrac{R}{j\omega C} V_i$

② $-\dfrac{R}{j\omega C} V_i$

③ $j\omega CR V_i$

④ $-j\omega CR V_i$

❈ **NOTE** ❈ 미분회로에 가한 사인파 V_i에 대한 출력

$$V_o = -\frac{Z_f}{Z} V_i = \frac{-R}{\dfrac{1}{j\omega C}} V_i = -j\omega CR V_i \quad \left(Z_f = R, \ Z = \frac{1}{j\omega C}\right)$$

과도 특성에서의 출력전압

$$V_o = -Ri = -RC\frac{dV_i}{dt} \quad \left(i = C\frac{dV_i}{dt}\right)$$

10 구형 펄스를 인가한 적분기의 출력파형은 어떻게 나오는가?

① 삼각파

② 구형파

③ 임펄스파

④ 대형파

❈ **NOTE** ❈ 적분기에 구형 펄스를 입력하면 출력은 시간의 증가에 따라 나타나는 구형파가 발생한다.

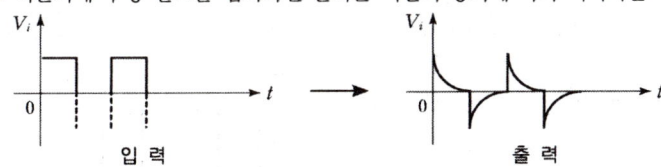

11 그림과 같은 덧셈기에서 R_f=100[kΩ]일 때 출력 $Y = -(10X_1 + 0.1X_2 + X_3)$의 연산을 하려면 R_1, R_2, R_3 의 값을 각각 얼마로 하면 좋은가?

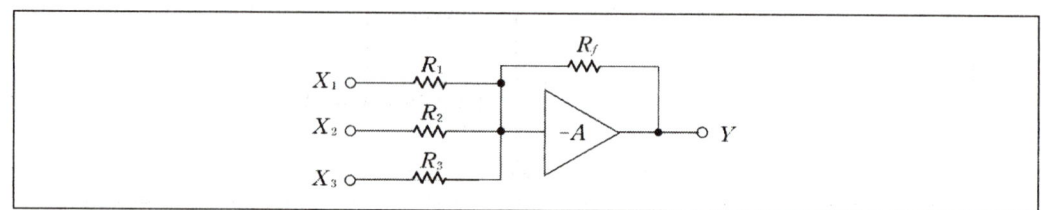

① 10[kΩ], 10[MΩ], 10[kΩ]

② 100[kΩ], 100[MΩ], 100[kΩ]

③ 10[kΩ], 100[MΩ], 100[kΩ]

④ 10[kΩ], 1[MΩ], 100[kΩ]

❈ NOTE ❈ $Y = -\left(\dfrac{R_f}{R_1}X_1 + \dfrac{R_f}{R_2}X_2 + \dfrac{R_f}{R_3}X_3\right) = -(10X_1 + 0.1X_2 + X_3)$ 이므로

$R_1 = \dfrac{R_f}{10} = \dfrac{100 \times 10^3}{10} = 10[\text{k}\Omega]$

$R_2 = \dfrac{R_f}{0.1} = \dfrac{100 \times 10^3}{0.1} = 1,000[\text{k}\Omega]$

$R_3 = \dfrac{R_f}{1} = \dfrac{100 \times 10^3}{1} = 100[\text{k}\Omega]$

12 미분기의 입력신호가 다음과 같을 때 출력신호는?

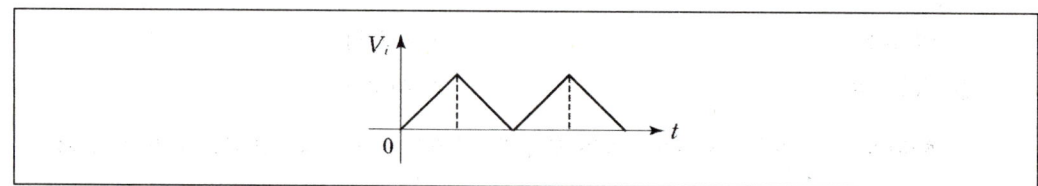

①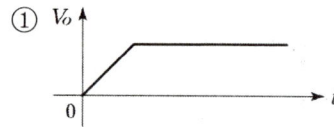

②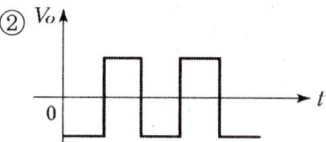

③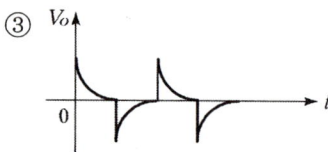

④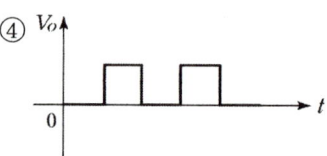

❈ NOTE ❈ 미분기는 삼각파를 입력하면 구형 펄스가 출력된다.

13 다음 그림과 같은 연산 증폭기회로를 무엇이라 하는가?

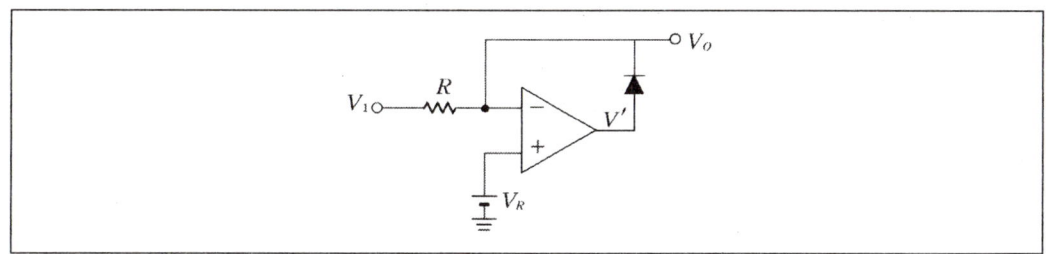

① 클리핑(Clipping)회로　　　　② 클램프(Clamp)회로

③ 미분을 이용한 여파기　　　　④ 적분을 이용한 여파기

　　❋ **NOTE** ❋ 다이오드를 응용한 회로로 $V_i > V_R$이면 V'에는 (+)전압이고 다이오드는 on상태가 되어
　　　　　　　 $V_o = V_R$이 되고, $V_i < V_R$이면 V'에는 (−)전압이고 다이오드는 off 상태가 되어 $V_o = V_i$가 걸
　　　　　　　 린다.

14 다음과 같은 비교기회로에서 입력에 정현파를 인가하면 출력파형은?

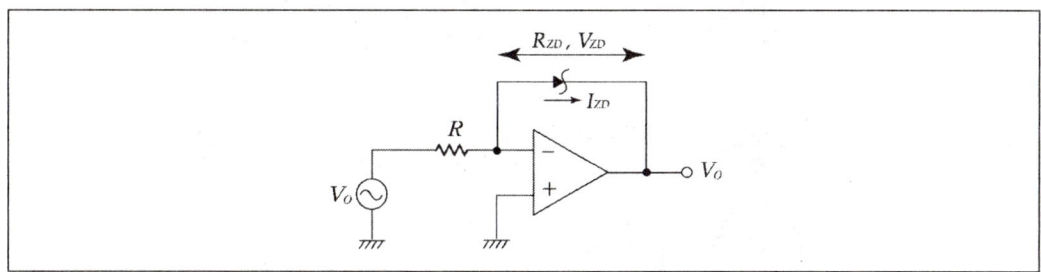

① 구형파　　　　　　　　　　② 정현파

③ 램프파　　　　　　　　　　④ 톱니파

　　❋ **NOTE** ❋

 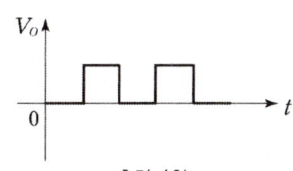

논리회로

01. 수의 진법과 코드

02. 불 대수(드 모르간의 법칙), 카르노 맵

03. 플립플롭

04. 논리회로

05. 전자계산기의 논리회로

01

수의 진법과 코드

1 이진수 11.101을 십진수로 변환한 값은?

① 2.375

② 3.208

③ 3.502

④ 3.625

※ NOTE ※ $11.101_2 = 2^1 + 2^0 + \dfrac{1}{2^1} + \dfrac{1}{2^3} = 2 + 1 + 0.5 + 0.125 = 3.625$

2 다음은 2의 보수를 이용한 2진수의 뺄셈 과정을 표기한 것으로 ㉠, ㉡에 들어갈 숫자는?

$$010110 - 001100 = 010110 + (㉠) = (㉡)$$

	㉠	㉡		㉠	㉡
①	110011	1001010	②	110100	1001010
③	110011	001010	④	110100	001010

※ NOTE ※ 2의 보수는 1의 보수에 1을 더하면 되므로 001100의 보수는 110011,
여기에 1을 더하면 110100
010110+110100=1001010에서 발생한 자리올림을 버리면 001010이 된다.

3 다음 2개의 4비트 2진 코드 A, B를 그레이 코드로 옳게 변환한 것은?

	A : 0110	B : 1101		A : 0110	B : 1101
①	0111	1101	②	0101	1011
③	0111	1011	④	0101	1101

※ NOTE ※ 그레이 코드로 변환시 첫 번째 비트는 그대로 쓰고 이웃한 두 비트를 배타적 OR연산을 하면 된다.
0110은 0101, 1101은 1011이 된다.

4 두 입력 A와 B를 비교하여 $A > B$이거나 $A = B$이면 출력이 1이고, $A < B$이면 출력이 0이 되는 논리식은?

① $A + B$

② $\overline{A} + B$

③ $A + \overline{B}$

④ $\overline{A} + \overline{B}$

    ✳ NOTE ✳ 논리식 $A + \overline{B}$

        ㉠ $A > B$이거나 $A = B$이면 $A + \overline{B} = A + \overline{A} = 1$

        ㉡ $A < B$이면 $A = 0$, $B = 1$이라고 가정하면 $A + \overline{B} = 0 + \overline{1} = 0 + 0 = 0$

5 2진수 10011과 10110을 합한 것으로 옳은 것은?

① 101001

② 100001

③ 101011

④ 111001

    ✳ NOTE ✳ $10011 + 10110 = 101001$

6 다음 중 10진법을 2진법으로 옳게 나타낸 것은?

① $3_{10} = 10_2$

② $7_{10} = 10115_2$

③ $11_{10} = 1111_2$

④ $16_{10} = 10000_2$

    ✳ NOTE ✳ ① $3_{10} = 11_2$ ② $7_{10} = 111_2$ ③ $11_{10} = 1011_2$

7 다음 중 10진수 13을 그레이 코드로 나타낸 것은?

① 1101

② 1001

③ 1011

④ 0100

    ✳ NOTE ✳ $13_{10} = 1101_2 \rightarrow 1011$

        ※ 그레이 코드 … 인접한 코드 간의 1개의 비트만 변하여 정보를 변환하는 코드로 값이 없는 비가중 코드이다.

ANSWER – 1.④ 2.④ 3.② 4.③ 5.① 6.④ 7.③

8 2진수 01011의 1의 보수로 옳은 것은?

① 10101　　② 01100
③ 10100　　④ 01010

※NOTE※ 1의 보수…n 자리의 2진수 Y에 대하여 설명하면 $(2^n-1)10-Y$로 정의되는 수를 Y의 1에 대한 보수라고 한다. 2진수의 1의 보수는 0→1, 1→0으로 바꾸면 된다.

9 10진수 463을 16진수로 옳게 나타낸 것은?

① 1FC　　② 1DA
③ 1CF　　④ 1AD

※NOTE※
16) 463
16) 28 …… 15(F)
1 …… 12(C)

10 2진수 1100을 10진수로 변환한 것으로 옳은 것은?

① 10　　② 11
③ 12　　④ 13

※NOTE※ $1100_2=1\times2^3+1\times2^2+0\times2^1+0\times2^0=12$

11 10진수 21.6을 2진수로 변환한 것으로 옳은 것은?

① 10101.10011　　② 00100.00111
③ 10010.00110　　④ 01010.00101

※NOTE※ 21.6의 2진수 변환계산

㉠ 정수부 계산

2) 21
2) 10 …… 1
2) 5 …… 0
2) 2 …… 1
1 …… 0

∴ 10101, 10011

㉡ 소수부 계산

0.6×2=1.2 →1
0.2×2=0.4 →0
0.4×2=0.8 →0
0.8×2=1.6 →1
0.6×2=1.2 →1

12 10진수 0.6875를 2진수로 변환한 값으로 옳은 것은?

① 0.1001_2

② 0.1011_2

③ 0.1101_2

④ 0.0011_2

　　✻ NOTE ✻ $0.6875 \times 2 = 1.375$ 　 $\rightarrow 1$
　　　　　　　$0.375 \times 2 = 0.75$ 　 $\rightarrow 0$
　　　　　　　$0.75 \times 2 = 1.5$ 　 $\rightarrow 1$
　　　　　　　$0.5 \times 2 = 1.0$ 　 $\rightarrow 1$
　　　　　　∴ 0.1011_2

13 2진법의 나눗셈 1010÷100의 답은?

① 10.1

② 101

③ 1.01

④ 010

　　✻ NOTE ✻

```
            10.1
      100 ) 1010
            100
            100
            100
              0
```

14 2진수 110.001_2을 10진수로 변환하면?

① 4.025

② 6.125

③ 9.005

④ 11.225

　　✻ NOTE ✻ $110.001_2 = 1 \times 2^2 + 1 \times 2 + 0 \times 2^0 + 0 \times 2^{-1} + 0 \times 2^{-2} + 1 \times 2^{-3}$
　　　　　　　$= 4 + 2 + 0 + 0 + 0.125 = 6.125$

15 2진수의 덧셈 1011+1010의 결과로 옳은 것은?

① 10100

② 10101

③ 11011

④ 11001

　　✻ NOTE ✻ 각 자리마다 덧셈을 하여 1+1일 때의 합은 0이며 윗자리에 1자리가 올라간다.
　　　　　　　1011+1010=10101

⬡ ANSWER – 8.③ 9.③ 10.③ 11.① 12.② 13.① 14.② 15.②

16 2진수 뺄셈 1010－0101의 값은?

① 0100　② 0011
③ 0110　④ 0101

※NOTE※ 10진법과 같은 방법으로 아랫자리부터 빼며, 뺄 수 없을 경우 윗자리에서 빌려와 계산한다.
1010－0101＝0101

17 2진법의 곱셈 1010×0101의 값은?

① 0110001　② 0110010
③ 0111001　④ 1110001

※NOTE※ 10진법의 곱셈법과 똑같이 곱해지는 수에 0을 곱할 때 그 수를 0으로 하고 1은 곱해지는 수를 그대로 놓아 전체를 덧셈하면 된다.

```
     1010
  × )0101
     1010
    0000
   1010
  0000
  -------
  0110010
```

18 2진수 01011의 2의 보수는?

① 10101　② 11111
③ 10100　④ 10000

※NOTE※ 2의 보수 … 1의 보수에 1을 더한 것과 같은 결과가 되므로 2진수 이외의 2의 보수의 기준수 $(2^5)_{10}$에서 01011을 빼주면 된다.
100000－01011＝10101

19 다음은 2진법으로 표시된 수의 덧셈이다. 계산 결과를 10진법의 수로 옳게 표시한 것은?

1101＋100101＝A

① 46　② 43
③ 50　④ 52

※ **NOTE** ※ $1101+100101=110010$
10진법으로 변환하면
$1\times2^5+1\times2^4+0\times2^3+0\times2^2+1\times2^1+0\times2^0=50$

20 10진수 254를 8진수로 변환한 것은?

① 358_8 ② 367_8

③ 376_8 ④ 384_8

    ※ **NOTE** ※ 변환하려는 수를 8로 나누어 각각의 나머지를 구하면 된다.

        8)254

        8) 31   …… 6

           3   …… 7

21 8진수 326_8을 10진수로 변환한 것은?

① 124   ② 148

③ 168   ④ 214

    ※ **NOTE** ※ $3\times8^2+2\times8+6\times8^0=214$

22 16진수 AF_{16}을 10진수로 나타내면?

① 25   ② 26

③ 175   ④ 176

    ※ **NOTE** ※ $AF_{16}=10\times16^1+15\times16^0=160+15=175$

23 10진수 34를 8비트 부호와 절대치 표현방식을 사용하여 2진수로 바르게 나타낸 것은?

① 10100100   ② 00100010

③ 01011110   ④ 11011101

    ※ **NOTE** ※ 10진수 34를 8비트 부호의 절대값으로 바꾸려면 10진수 34를 8비트의 이진수로 변환하여 첫 비트를 1로 바꾸면 된다.
        $34=00100100_2=10100100_2$

ANSWER – 16.④ 17.② 18.① 19.③ 20.③ 21.④ 22.③ 23.①

1 다음 카르노맵(Karnaugh map)을 간략화하여 나타낸 논리식은?

CD＼AB	00	01	11	10
00	1	0	0	1
01	1	1	1	0
11	0	1	1	0
10	1	0	0	1

① A'B'C' + ABD + B'CD'

② A'B'C' + BD + B'D'

③ A'B'C'D + A'BD + B'D'

④ A'B'C'D + AB'D' + BD

※ **NOTE** ※ 3개의 묶음을 식으로 써서 간략화하면

1) $\overline{A}\overline{B}\overline{C}\overline{D}+\overline{A}\overline{B}\overline{C}D=\overline{A}\overline{B}\overline{C}(\overline{D}+D)=\overline{A}\overline{B}\overline{C}$

2) $\overline{A}\,\overline{B}\,\overline{C}D+A\overline{B}\,\overline{C}D+\overline{A}\,\overline{B}\,C\,\overline{D}+A\overline{B}C\overline{D}$

$=\overline{B}\,\overline{C}\overline{D}(\overline{A}+A)+\overline{B}\,C\overline{D}(\overline{A}+A)$

$=\overline{B}\,\overline{C}\overline{D}+\overline{B}\,C\overline{D}=\overline{B}\,\overline{D}(\overline{C}+C)=\overline{B}\overline{D}$

3) $\overline{A}B\,\overline{C}D+AB\,\overline{C}D+\overline{A}B\,CD+ABCD$

$=B\,\overline{C}D(\overline{A}+A)+B\,CD(\overline{A}+A)$

$=B\,\overline{C}D+B\,CD=BD(\overline{C}+C)=BD$

∴ $Y=\overline{A}\,\overline{B}\,\overline{C}+\overline{B}\overline{D}+BD$

2 논리식 (A + B)(A + B')(A' + B)(A' + B')을 간단히 한 결과는?

① AB' + A'B

② AB + A'B'

③ 0

④ 1

※ **NOTE** ※ $(A+B)(A+\overline{B})(\overline{A}+B)(\overline{A}+\overline{B})$

$=(A+A\overline{B}+AB)(\overline{A}+\overline{A}\overline{B}+\overline{A}B)$

$=A(1+\overline{B}+B)\overline{A}(1+\overline{B}+B)$

$=A\overline{A}=0$

3 다음 불 대수의 정리로 옳지 않은 것은?

① $A + A = 1$

② $A + 0 = 0$

③ $(A + B) + C = A + (B + C)$

④ $A + (B \cdot C) = (A + B) \cdot (A + C)$

    ✱ NOTE ✱ $A + 0 = A$

4 다음 중 드 모르간의 정리를 이용하여 나타낸 것은?

① $\overline{A + B} = \overline{A} \cdot \overline{B}$

② $\overline{A + B} = \overline{\overline{A} \cdot \overline{B}}$

③ $A + B = A \cdot B$

④ $\overline{A \cdot B} = \overline{A} + \overline{B}$

    ✱ NOTE ✱ 드 모르간의 정리
        ㉠ $\overline{A \cdot B} = \overline{A} + \overline{B}$
        ㉡ $\overline{A + B} = \overline{A} \cdot \overline{B}$

5 다음의 논리함수 F와 동일한 것은?

$$F = X'YZ' + X'YZ + XYZ' + XYZ$$

① XY

② YZ

③ X

④ Y

    ✱ NOTE ✱ $F = X'YZ' + X'YZ + XYZ' + XYZ$
          $= YZ'(X' + X) + YZ(X' + X)$
          $= YZ' + YZ$
          $= Y(Z' + Z)$
          $= Y$

6 논리식 $f = (A + B)(A + \overline{B})$를 간단히 표현한 것은?

① $f = A + B$

② $f = A + \overline{B}$

③ $f = A$

④ $f = 0$

    ✱ NOTE ✱ $f = (A + B)(A + \overline{B}) = AA + A \cdot \overline{B} + BA + B\overline{B}$
          $= AA + A \cdot \overline{B} + BA = A + A(\overline{B} + B) = A$

ANSWER – 1.② 2.③ 3.② 4.④ 5.④ 6.③

7 다음 중 옳지 않은 것은?

① $A + (B + C) = (A + B) + C$

② $A \cdot (B \cdot C) = (A \cdot B) \cdot C$

③ $A \cdot (B + C) = (A + B) + (A + C)$

④ $A + (B \cdot C) = (A + B) \cdot (A + C)$

❋ **NOTE** ❋ ③ $A \cdot (B + C) = A \cdot B + A \cdot C$

①② 결합법칙 ③④ 분배법칙

8 다음 논리식을 간단히 한 것은?

$$X(\overline{X} + Y)$$

① $\overline{X} \cdot \overline{Y}$　　　　　　　② XY

③ X　　　　　　　　　　④ Y

❋ **NOTE** ❋ $X(\overline{X} + Y) = X \cdot \overline{X} + XY = XY$

9 다음 불 대수 중 옳지 않은 것은?

① $A + \overline{A} = 1$　　　　　② $A \cdot \overline{A} = 0$

③ $A + A = 1$　　　　　　④ $A \cdot A = A$

❋ **NOTE** ❋ ③ $A + \overline{A} = 1$

10 논리함수의 4가지 방법 중 가능한 모든 경우를 통합하여 표현할 수 있는 것은?

① 논리 명칭　　　　　　② 논리 기호도

③ 진리표　　　　　　　④ 불식

❋ **NOTE** ❋ 논리함수의 진리표는 주어진 조건으로 가능한 모든 경우를 통틀어 표현할 수 있다.

※ **불식(불 대수)** … 영국의 수학자 Boole에 의해 창안된 것으로 논리학을 수학적으로 나타내기
위해 제안되었다. 사용되는 불 대수의 수로는 0과 1 두 개 뿐이다.

11 다음 카르노도가 나타내는 논리식은?

AB＼CD	00	01	11	10
00	0	0	0	1
01	1	1	0	1
11	1	1	0	0
10	0	0	0	0

① $B\overline{C}+\overline{A}C\overline{D}$
② $\overline{B}C+\overline{A}C\overline{D}$
③ $B\overline{C}+\overline{A}\,\overline{C}\,\overline{D}$
④ $\overline{B}C+ACD$

※**NOTE**※ 4개를 묶으면 $B\overline{C}$, 2개를 묶으면 $\overline{A}C\overline{D}$만 남으므로 $B\overline{C}+\overline{A}C\overline{D}$이다.

12 다음 카르노 맵을 간단히 표현한 것은?

	CD	C$\overline{D}$	$\overline{C}$D	$\overline{C}\overline{D}$
AB	1	1	0	0
A$\overline{B}$	1	1	0	0
$\overline{A}$B	0	0	0	0
$\overline{A}\overline{B}$	0	0	0	0

① AB
② AC
③ BC
④ AD

※**NOTE**※ $AB=1$이고 $CD=1$이 될려면 A, C 모두 1이어야 한다.

13 다음 논리함수 $Y=AB+A\overline{B}+\overline{A}B$를 간소화한 것은?

① $A+B$
② $\overline{A}+\overline{B}$
③ $(A+\overline{A})+(B\overline{B})$
④ $(AB+A\overline{B})(AB+\overline{A}B)$

※**NOTE**※ $Y=AB+A\overline{B}+\overline{A}B=A(B+\overline{B})+\overline{A}B=A+\overline{A}B=(A+\overline{A})(A+B)=A+B$

⬡ ANSWER – 7.③ 8.② 9.③ 10.③ 11.① 12.② 13.①

14 2진 형태의 수를 10진 형태의 수나 기호로 바꾸어 주는 것을 무엇이라 하는가?

① 인코더

② 디코더

③ 멀티플렉서

④ 디멀티플렉서

　　※ NOTE ※　② 2진수로 표시된 입력조합에 따라 출력이 하나만 동작하도록 한다.
　　　　　　　③ n개의 입력 데이터에서 입력을 1개씩만 선택하여 단일 통로로 송신하는 것이다.
　　　　　　　④ 멀티플렉서의 반대 동작을 나타낸다.

15 조합 논리회로를 설계하고자 할 때 제일 먼저 해야 할 항목은?

① 진리표를 만든다.

② 논리도를 그린다.

③ 각 출력에 대해 단순화되어진 불 함수를 만든다.

④ 입·출력 변수 등의 개수를 결정한다.

　　※ NOTE ※　조합 논리회로의 설계순서 ··· 입·출력 변수 등의 개수 결정 → 진리표 작성 → 카르노 맵을 이용하
　　　　　　　여 간략화 되어진 불 함수 생성 → 논리도 작성

03 플립플롭

1 RS 플립플롭회로의 동작에서 $R=1$, $S=1$을 입력하였을 때 출력 Q는?

① 0 ② Set

③ Reset ④ 부정

> ※**NOTE**※ RS 플립플롭 … 2개의 NOR 게이트 혹은 2개의 NAND 게이트로 구성되며 응용범위가 넓고 집적회로화되는 플립플롭이다.
>
> ※ NOR 회로로 구성된 RS 플립플롭

S	R	Q_{n+1}
0	0	Q_n
0	1	0
1	0	1
1	1	불확정

2 데이터 전송에 있어 시간 지연을 만드는 플립플롭은?

① $RS-FF$ ② $T-FF$

③ $D-FF$ ④ $JK-FF$

> ※**NOTE**※ ① 두 개의 입력 S와 R에 따라 출력상태를 변화시킬 수 있으므로 2진 데이터를 저장하는 레지스터나 메모리로 사용한다.
> ② 카운터에 많이 사용한다.
> ④ 메모리나 카운터 등의 기초적인 디지털회로에 가장 널리 사용한다.

3 Register와 Counter를 구성하는 기본 소자는?

① FlipFlop ② Adder

③ 감산기 ④ 해독기

> ※**NOTE**※ 레지스터와 계수기를 구성하는 기본 소자로는 플립플롭이 주로 사용된다.

ANSWER – 14.① 15.④ / 1.④ 2.③ 3.①

4 5진 카운터를 만들려면 T형 플립플롭이 몇 개 필요한가?

① 1   ② 2

③ 3   ④ 4

⑤ 5

> ✽**NOTE**✽ n진 카운터는 2^n개의 카운터가 필요하다. 5진 카운터를 만들려면 $2^2 < 5 < 2^3$이므로 2개로는 부족하므로 3개의 FF이 필요하다.

5 $D-FF$의 원어로 옳은 것은?

① Data FlipFlop   ② Delay FlipFlop

③ Diode FlipFlop   ④ Delta FlipFlop

> ✽**NOTE**✽ $D-FF$의 원어는 Delay FlipFlop이다.

6 다음 논리회로는 무엇인가?

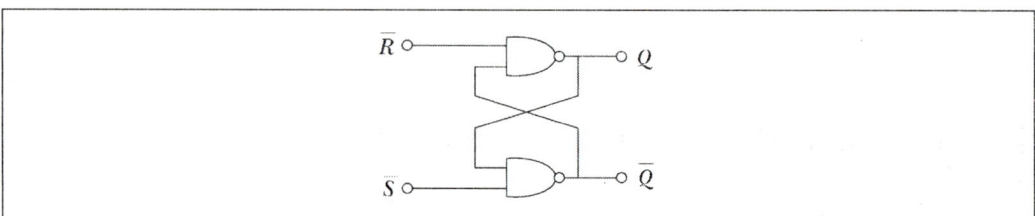

① Inhibit

② 단안정 멀티바이브레이터

③ 플립플롭

④ 배타 논리합회로

> ✽**NOTE**✽ NAND로 구성된 RS 플립플롭이다.
>
> ※ 트리거 신호가 가해지면 비안정상태로 이행하고, 정해진 시간 경과 후에 안정상태로 복귀한다. 이것을 이용하여 일정 폭의 펄스 출력을 얻을 수 있다.
>
> ④ EOR회로(배타 논리합회로)

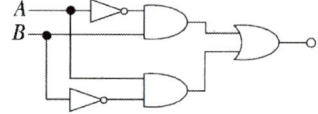

7 다음 그림과 같은 논리회로는?

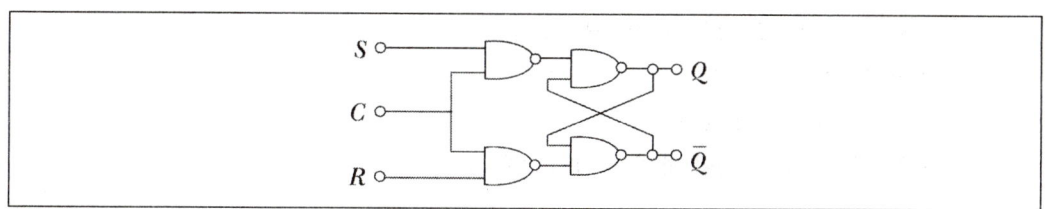

① $JK-FF$

② $D-FF$

③ $RS-FF$

④ $RST-FF$

※ NOTE ※ RST 플립플롭 … T가 1일 때만 $RS-FF$가 동작하고 T가 0일 때는 입력 R, S의 상태와 무관하여 앞의 출력 상태를 유지한다.

8 다음 그림과 같은 논리회로는?

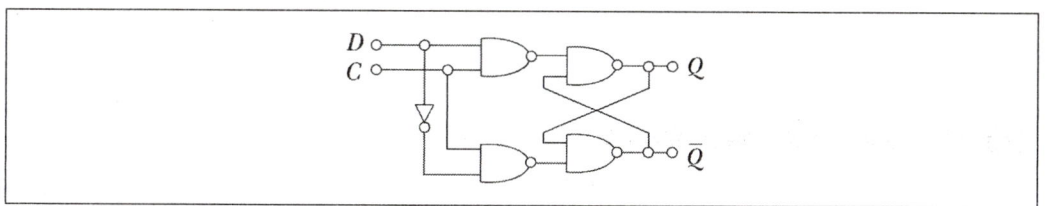

① $JK-FF$

② $D-FF$

③ $RS-FF$

④ $RST-FF$

※ NOTE ※ D 플립플롭

Q	C	Q_{n+1}
0	0	Q
0	1	0
1	0	1
1	1	불확정

9 다음 중 마스터 슬레이브 $JK-FF$에 대한 설명으로 옳지 않은 것은?

① $RS-FF$보다 회로의 구성이 복잡하다.

② 사용하기가 편리하다.

③ 소비전력이 비교적 높다.

④ 클록 펄스가 H 레벨일 때의 시간이 길어야 한다.

> ✳**NOTE**✳ 클록 펄스가 H 레벨인 시간이 길어지면 오동작을 일으킬 수 있다.
> ※ 마스터 슬레이브 $JK-FF$의 특징
> ㉠ JK 플립플롭도 RS 플립플롭의 R, S 단자가 모두 0인 경우에 Q 단자에서 1이 얻어질 수 있도록 한 것이다.
> ㉡ 소비전력이 높다.
> ㉢ 사용하기 편리하다.
> ㉣ $RS-FF$보다 회로의 구성이 복잡하다.

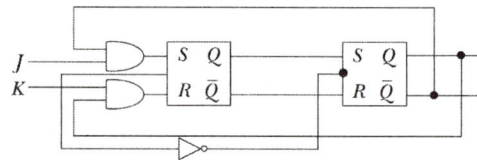

10 다음 회로는 어떤 기능을 갖는가?

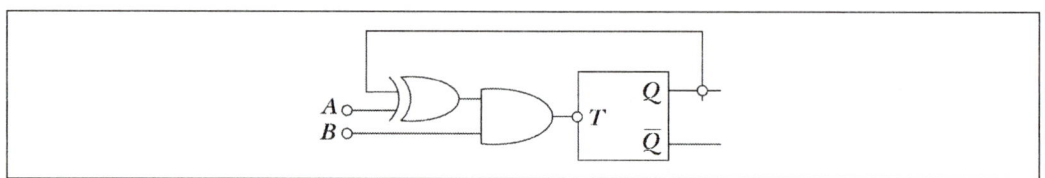

① T 플립플롭 ② RS 플립플롭
③ JK 플립플롭 ④ D 플립플롭

> ✳**NOTE**✳ 입력이 그대로 출력으로 나타나는 $D-FF$이다.
> ※ D 플립플롭 … $RS-FF$나 $JK-FF$을 변형하여 만든 것으로 $JK-FF$ 입력단자 1개와 인버터를 연결한 회로이다.

11 다음 중 순차 논리회로에 포함되어 있는 것은?

① NAND ② XOR
③ FlipFlop ④ Decoder

> ✳**NOTE**✳ 순차 논리회로는 조합 논리회로에 기억회로를 첨가시킨 것이며 기억회로는 플립플롭으로 이루어져 있다.

12 여러 개의 플립플롭으로 구성된 임시기억장소로 중앙처리장치 내부의 처리 자료를 일시적으로 기억하는 것은?

① 가산기　　　　　　　　　　② 레지스터

③ 디코더　　　　　　　　　　④ 시프터

> **✳NOTE✳** ① 2진 가산을 완전히 하기 위해 자리올림 입력도 함께 더할 수 있는 기능을 하는 것이다.
> ③ 2진수로 표시된 입력조합에 따라 출력이 하나만 동작하도록 하는 것이다.
> ④ 수를 기억할 수 있고, 한 자리씩 자리 이동을 하면서 펄스열을 출력시킨다.

13 다음 중 M/S 플립플롭에 대한 설명이 아닌 것은?

① Racing 문제로 인한 오동작의 염려가 없다.

② 클록의 + edge에서 제1 플립플롭을 세트하고 − edge에서 제2 플립플롭에 신호를 전달하도록 한다.

③ 정보를 플립플롭에 입력시키는 것과 새로운 출력치를 설정하는 것을 다른 시각에 행할 수 있다.

④ 2개의 플립플롭의 동작시간이 같다.

> **✳NOTE✳** 마스터 슬레이브 플립플롭 … 주·종 플립플롭이라고 하며, 두 개의 플립플롭회로로 구성된 것으로 주 플립플롭과 종 플립플롭의 동작시간은 NOT 게이트 만큼의 delay가 발생한다.

14 반가산기는 어느 게이트를 이용하는가?

① AND, EOR　　　　　　　　② OR, EOR

③ AND, OR　　　　　　　　　④ OR, AND

> **✳NOTE✳**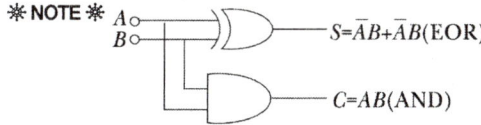
> $S=\bar{A}B+\bar{A}B$(EOR)
> $C=AB$(AND)

15 다음 그림은 무엇인가?

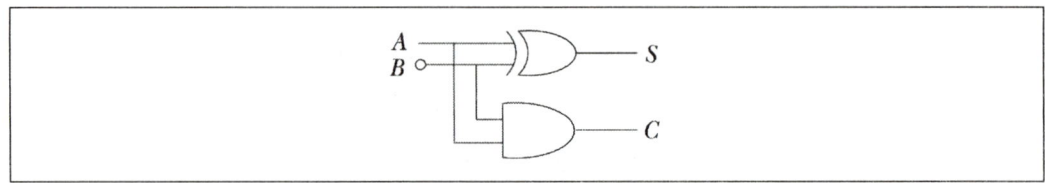

① 반가산기　　　　　　　　　　　② 전가산기
③ 해독기　　　　　　　　　　　　④ 멀티플렉서

> ※ **NOTE** ※ 반가산기의 진리표에 의한 논리식
> ㉠ $S = \overline{A}B + A\overline{B}$ (EOR)
> ㉡ $C = AB$ (AND)
> ㉢ EOR회로와 AND회로로 구성되어 있다.

16 D-F/F을 사용한 다음 회로에서 IN에 "H"→"H"→"L"→"L"→"H"→"H"의 논리값이 순차적으로 입력되면 OUT의 상태가 순차적으로 어떻게 변하는가? (단, OUT1, OUT2, OUT3, OUT4 노드들의 초기값은 모두 "L"이며, IN에 입력되는 논리값 시간 간격은 CLK 신호 주기와 같다고 가정한다)

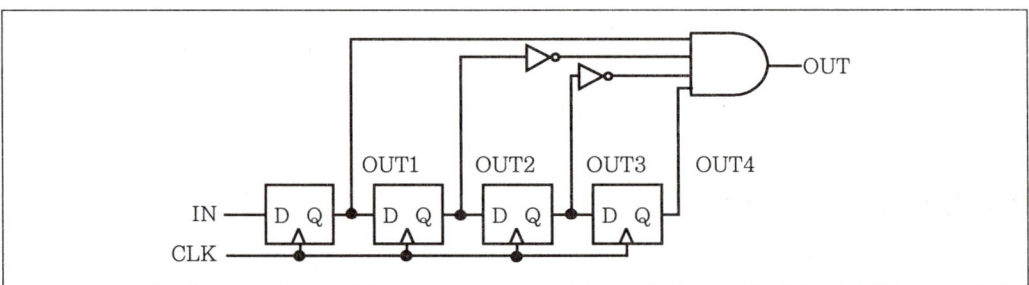

① "L"→"H"→"L"→"L"→"H"→"L"

② "L"→"L"→"H"→"H"→"L"→"L"

③ "H"→"H"→"L"→"L"→"H"→"H"

④ "L"→"L"→"L"→"L"→"H"→"L"

> ※ **NOTE** ※ D-F/F은 D=0에서 출력이 발생하면 Q = 0이고, D=1에서 출력이 발생하면 Q=1이 된다.
> NOT Gate가 있는 2개의 입력에 0, 나머지 입력에 1일 때 4입력 AND Gate는 출력이 1이 되므로 0→0→0→0→1→0의 순으로 된다.

17 그림과 같은 회로에서 $A = 1$, $B = 0$일 때 출력 S와 C는 얼마인가?

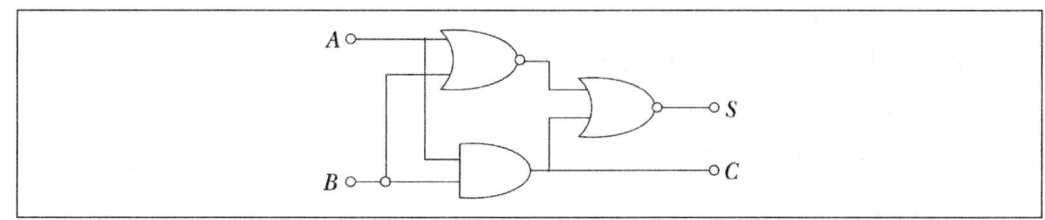

① 0, 0
② 0, 1
③ 1, 0
④ 1, 1

❊NOTE❊ 이 회로는 반가산기이다.
$S = \overline{\overline{A+B}+AB} = (A+B)(\overline{A}+\overline{B}) \rightarrow \text{EOR}$
$C = AB \rightarrow \text{AND}$
$A = 1$, $B = 0$을 대입하면 $S = 1$, $C = 0$이 나온다.

18 다음 회로의 명칭은 무엇인가?

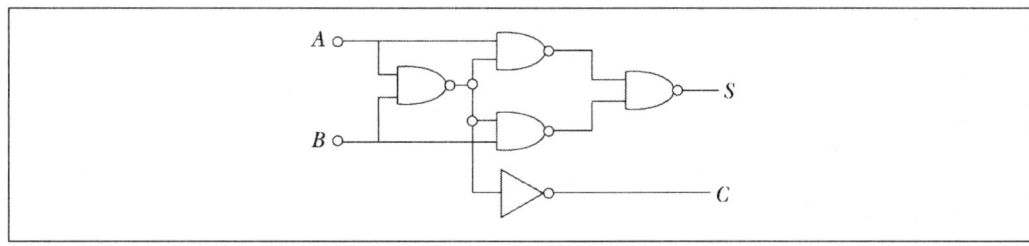

① 반가산기
② 전가산기
③ 반감산기
④ 전감산기

❊NOTE❊ $S = \overline{A}B + A\overline{B}$
$C = AB$인 합과 자리올림의 출력을 갖는 반가산기회로이다.

19 반감기에서 차를 얻기 위해 사용되는 게이트는 무엇인가?

① EOR
② NOR
③ OR
④ AND

❊NOTE❊ 반감산기는 NOT회로와 AND회로, EOR회로로 구성되며 빌림수는 AND회로에서 출력되고, 차는 EOR회로에서 출력된다.

ANSWER – 15.① 16.④ 17.③ 18.① 19.①

20 병렬 가산기의 장점은?

① 기계가 복잡하다.

② 연산처리 속도가 직렬 가산기에 비해 빠르다.

③ 가격이 저렴하다.

④ 가산자리 수만큼 회로가 사용된다.

> ✴ NOTE ✴ 병렬 가산기 … 병렬 가산기는 여러 비트로 구성된 2진수를 한꺼번에 더하기 위해 필요한 비트 수
> 만큼의 전자가산기를 병렬로 연결한 가산기이다.
> ㉠ 장점 : 여러 비트를 동시에 가산하여 결과를 출력시키므로 한 번에 한 비트씩 가산하는 직렬
> 가산기보다 빠르다.
> ㉡ 단점 : 여러 비트를 한꺼번에 처리하며 속도가 직렬 가산기에 비하여 빠르나 비트 수만큼 전자
> 가산기를 사용해야 한다.
> ※ LSB는 자리올림 없이 입력만 있어도 되므로 반가산기를 사용해도 된다.

21 다음은 전가산기의 논리회로이다. 빈 칸에 해당하는 논리식 중 옳은 것은?

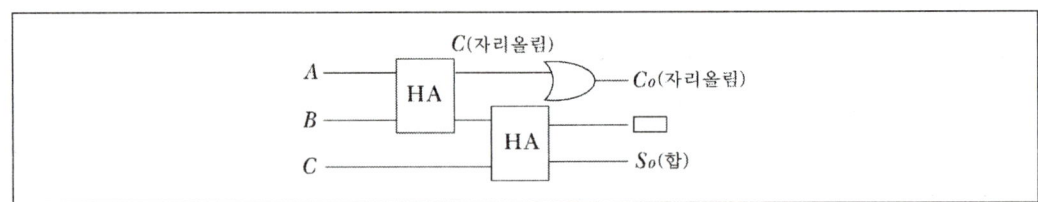

① $A \oplus B$

② $B \oplus C_1$

③ $C_1(A \oplus B)$

④ $B \cdot C_1$

> ✴ NOTE ✴ 전가산기는 두 개의 반가산기와 한 개의 논리합회로를 연결하여 동시에 3개의 2진 입력이 가능한
> 덧셈회로이다.

입력			출력	
A	B	C	S_o	C_o
0	0	0	0	0
0	0	1	1	0
0	1	0	1	0
0	1	1	0	1
1	0	0	1	0
1	0	1	0	1
1	1	0	0	1
1	1	1	1	1

22 다음 회로 명칭은?

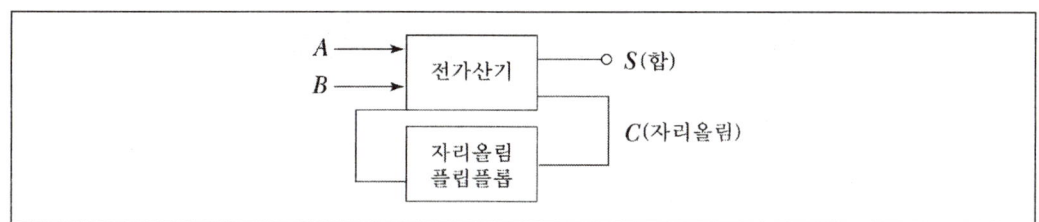

① 직렬 가산기

② 병렬 가산기

③ 병렬 가산기

④ 멀티플렉서

　※ **NOTE** ※ 회로는 한 개의 전가산기와 플립플롭, 그리고 시프트 레지스터로 구성된 직렬 가산기이다.
　　※ 직렬 가산기 ··· 여러 비트로 구성된 두 수를 한 번에 한 비트씩 차례로 더하는 가산기이다. 여러 비트 가산을 전가산기 1개만으로 할 수 있어 전가산기 수를 절약할 수 있으므로 경제적이나 한 번에 한 번씩만 더하므로 속도가 느리다는 단점이 있다.

23 정상적인 경우 8×1 멀티플렉서는 몇 개의 선택선을 가지는가?

① 1

② 2

③ 3

④ 4

⑤ 5

　※ **NOTE** ※ 멀티플렉서는 여러 개의 입력 중 1개를 선택하여 출력하는 회로로 2^n 개의 선택단자와 1개의 출력선을 가지므로 $8 \times 1 = 2^3 \times 1$이다.

24 다음 중 배타적 논리회로가 응용되고 있는 곳이 아닌 것은?

① 기억장치

② 비교기

③ 검출기

④ 연산장치

　※ **NOTE** ※ 배타적 논리회로 ··· 2개의 입력을 가질 경우 그 입력이 모두 동일할 때에는 논리가 0이 되고 다를 때에는 논리가 1이 되는 회로로 반일치회로라고도 한다. 이 회로는 전자 계산기의 연산장치, 비교기, 정합회로, 검출기 등에 사용된다.

ANSWER - 20.② 21.③ 22.① 23.③ 24.①

O4 논리회로

1 다음 중 출력 F가 나머지 셋과 다른 하나는?

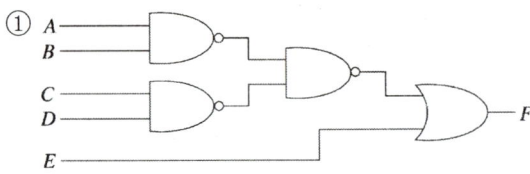

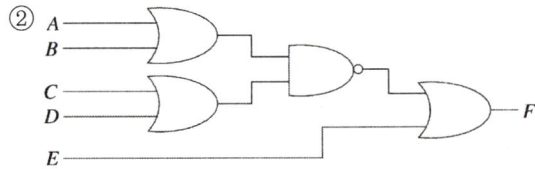

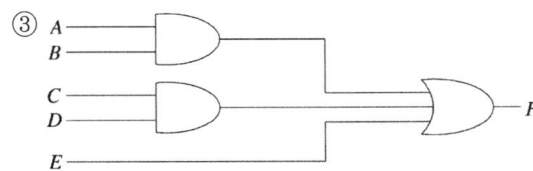

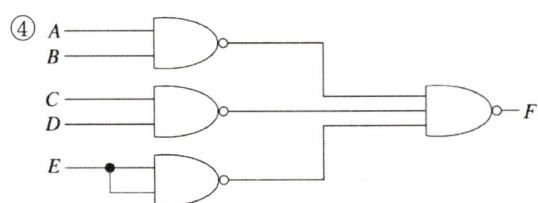

※ NOTE ※ ① $F = AB + CD + E$
② $F = \overline{A}\,\overline{B} + \overline{C}\overline{D} + E$
③ $F = AB + CD + E$
④ $F = AB + CD + E$

2 다음 TTL회로는 무슨 논리회로인가?

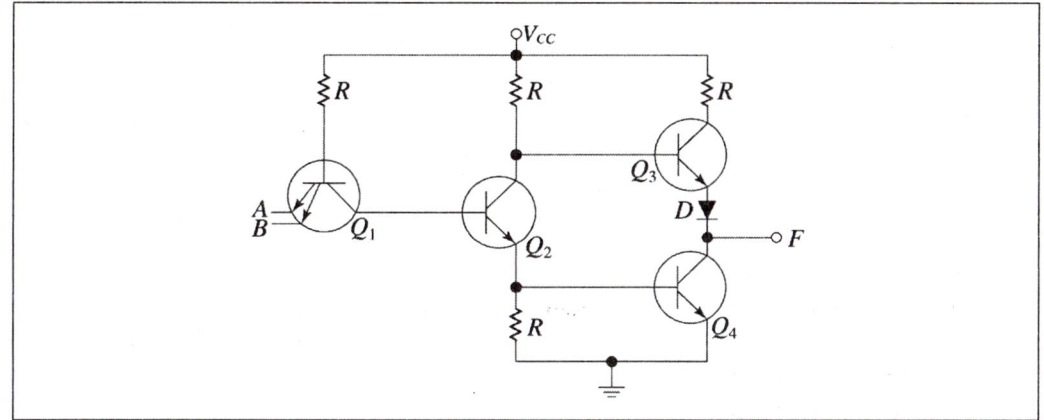

① OR 게이트
③ NOR 게이트

② AND 게이트
④ NAND 게이트

✱ NOTE ✱ NAND 게이트는 AND 게이트에 inverter를 결합시킨 회로를 말한다.

3 다음과 같은 접점회로를 무접점회로로 변환한 것으로 옳은 것은?

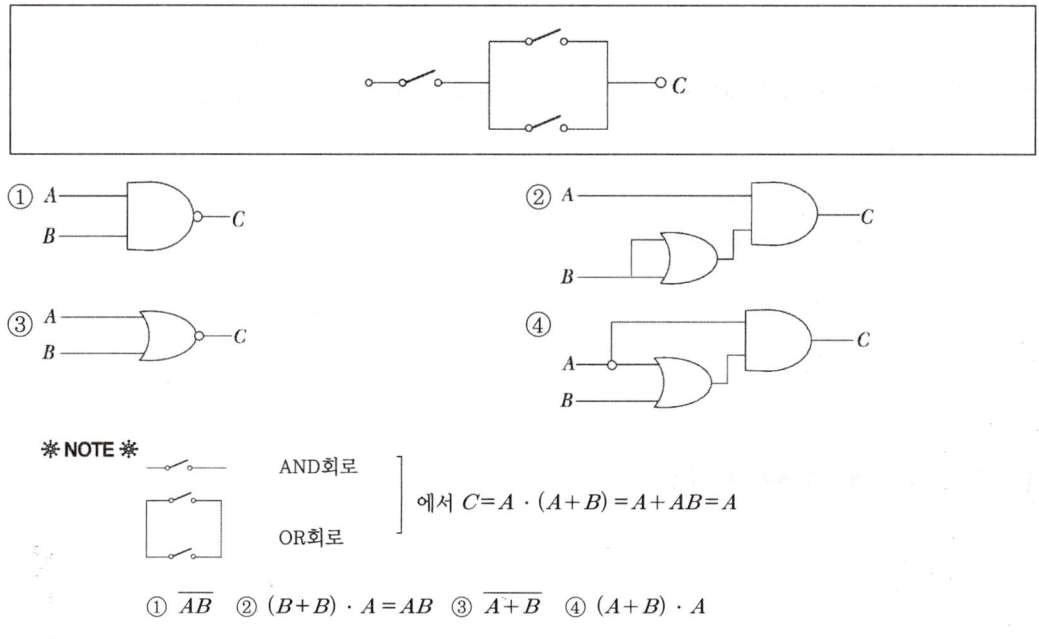

① $\overline{AB}$　② $(B+B) \cdot A = AB$　③ $\overline{A+B}$　④ $(A+B) \cdot A$

4 다음 회로의 출력에 맞는 논리식은?

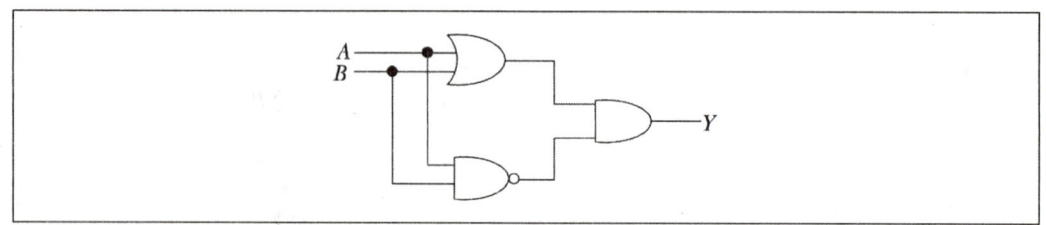

① $A \cdot B$ ② $A + B$

③ $\overline{AB} + AB$ ④ $A\overline{B} + \overline{A}\,B$

❋ NOTE ❋ $(A+B) \cdot (\overline{A \cdot B})$

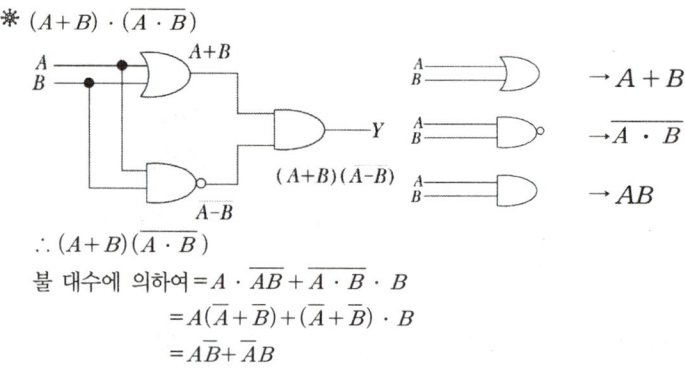

$\therefore (A+B)\,(\overline{A \cdot B})$

불 대수에 의하여$= A \cdot \overline{AB} + \overline{A \cdot B} \cdot B$

$\qquad\qquad\quad = A(\overline{A}+\overline{B}) + (\overline{A}+\overline{B}) \cdot B$

$\qquad\qquad\quad = A\overline{B} + \overline{A}B$

5 두 입력이 서로 같을 때만 출력이 '1' 이고, 서로 다를 때는 '0' 인 논리회로는?

① 부정회로(NOT)

② 배타 논리합회로(EOR)

③ 배타 부정 논리합회로(ENOR)

④ 부정 논리합회로(NOR)

❋ NOTE ❋ 배타부정 논리합회로(Exclusive Nor)는 두 입력이 동일한 경우에만 출력이 1이다.

6 AND회로에서 입력이 0, 1일 때 출력은?

① 0   ② 1

③ 0, 1   ④ 1, 0

⑤ 1, 1

❋ NOTE ❋ AND회로에서는 모든 입력이 1일 때만 출력이 1이 된다.

7 다음 중 비수치 연산에서 한 개의 입력 데이터를 연산기에 넣어 그대로 출력을 보내는 단일 연산은?

① COMPLEMENT ② AND

③ MOVE ④ OR

✳ **NOTE** ✳ MOVE 연산 … 입력 자료를 그대로 출력하는 단항 연산이다.
① 단항 연산으로 입력자료에 대한 1의 보수값을 구하는 연산이다.
② 입력되는 두 값이 모두 1일 때 출력이 1이다. 어느 한 값이 0이면 무조건 0이 출력된다. 이를 Mask라고 한다. 필요없는 비트를 지우고, 필요한 비트만을 가지고 처리하기 위한 이항 연산으로 특정 비트 또는 문자 삭제시 사용한다.
④ 입력되는 두 값 중 하나의 값이 ϕ일 때 출력은 다른 입력값과 같으므로 문자의 삽입이 가능한 이항연산으로 묶어 주는 데 사용된다.

8 다음 중 일부분의 비트나 문자를 지울 때 사용하는 연산은?

① OR ② AND

③ MOVE ④ SHIFT

✳ **NOTE** ✳ AND 연산은 필요없는 비트를 지우고, 필요한 비트만을 가지고 처리하기 위한 이항연산이다.
① 2개 이상의 자료를 하나로 묶을 때 사용한다.
③ 입력자료를 그대로 출력한다.
④ 자료의 모든 비트를 좌측, 우측으로 이동시킨다.

9 다음은 Micro Processor의 일반적 명령어이다. 잘못 짝지어진 것은?

① CMP – 비교 ② SUB – 감산

③ ADD – 가산 ④ ANA – 논리합

✳ **NOTE** ✳ ④ 논리합을 나타내는 명령어는 OR이다.

10 Positive NOR 게이트를 Negative로 표현하면 무슨 게이트가 되는가?

① OR gate ② NOR gate

③ AND gate ④ NAND gate

✳ **NOTE** ✳ Positive NOR 게이트는 드 모르간의 법칙에 의해 $\overline{A+B} = \overline{A}\,\overline{B}$ 이다.

⬡ ANSWER – 4.④ 5.③ 6.① 7.③ 8.② 9.④ 10.③

11 다음 중 입력이 하나라도 1이면 출력이 0이 되는 논리식은?

① $Y = A \cdot B$
② $Y = \overline{A \cdot B}$
③ $Y = \overline{A + B}$
④ $Y = A + B$

❋ **NOTE** ❋ 입력이 하나라도 1이면 출력이 0이 되는 것은 OR의 보수이다.

12 OR회로 뒤에 NOT회로를 연결하면 무슨 회로가 되는가?

① NAND
② AND
③ NOR
④ XOR

❋ **NOTE** ❋ OR+NOT = NOR

13 OR 게이트의 입력단자 A, B, C에 각각 1, 1, 0을 입력했을 때 출력은?

① 1
② 0
③ 2
④ 3

❋ **NOTE** ❋ OR 게이트는 여러 입력단자 중 하나라도 1이 있으면 출력신호가 1이 되어 나타난다.

14 다음 논리회로의 논리식은 어느 것인가?

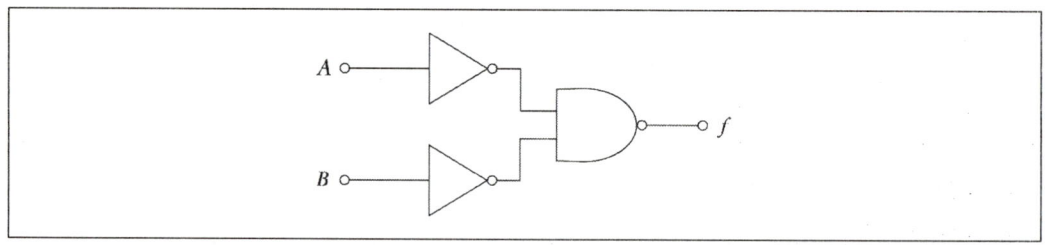

① $f = A + B$
② $f = \overline{A} \cdot \overline{B}$
③ $f = \overline{\overline{A} \cdot \overline{B}}$
④ $f = \overline{A + B}$

❋ **NOTE** ❋ $f = \overline{\overline{A} \cdot \overline{B}} = \overline{\overline{A}} + \overline{\overline{B}} = A + B$

15 다음 중 NOR회로를 바르게 표현한 것은?

① A — B — 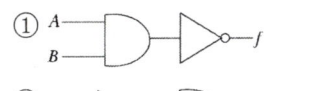 f

② A — B — f

③ A — f

④ A — f

※ **NOTE** ※ NOR 게이트는 OR회로의 부정연산이므로 다음과 같다.

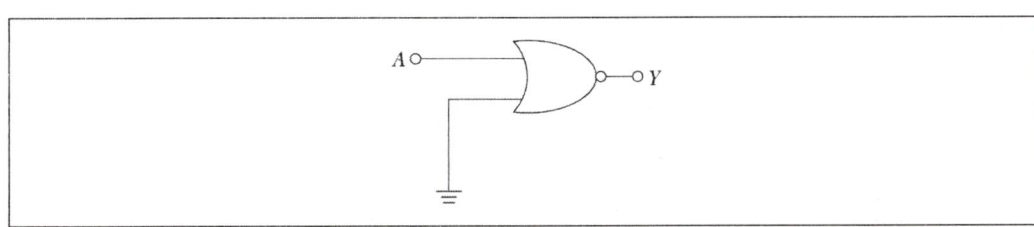

A — B — f f — $\overline{f}$ $f=A+B$ — $\overline{f}=\overline{A+B}$

16 다음 중 입력신호가 0이면 1이 되고, 반대로 입력이 1이면 출력이 0이 되는 회로는?

① AND 게이트
② OR 게이트
③ NOR 게이트
④ NOT 게이트

※ **NOTE** ※ NOT 게이트 … 부정회로로서 정반대의 출력이 얻어지는 회로로 인버터라고도 한다. 트렌지스터의 에미터 접지형 증폭기에 있어 베이스 입력과 컬렉터 출력의 전압의 전달특성이 180°위상차를 가지는 원리를 이용한 것이다.

17 다음과 같은 게이트의 기능은?

A ○—
—○ Y

① NOR
② NAND
③ OR
④ NOT

※ **NOTE** ※ 입력단자를 접지시키면 0으로 나타난다.
$$Y = \overline{A+0} = \overline{A}$$

18 다음 중 OR 게이트의 논리회로는?

    ※**NOTE**※ ① AND 게이트 ② NAND 게이트 ④ NOT 게이트

19 다음 중 NOT 게이트를 나타내는 논리회로는?

    ※**NOTE**※ ① AND회로 ② 배타적 OR회로 ④ 음논리로 표현할 AND 게이트

20 NOR회로를 나타내는 논리회로는?

    ※**NOTE**※ NOR 게이트는 NOT 게이트와 OR 게이트의 조합으로 OR 게이트와 반대이며
                논리식은 $F = \overline{A+B}$ 이다.

21 배타 OR 게이트를 나타내는 논리식은?

① $F = \overline{A \cdot B}$ ② $F = A + B$

③ $F = \overline{A} \cdot B + A \cdot \overline{B}$ ④ $F = A(A + B)$

    ※**NOTE**※ 배타 OR회로는 $A = 1$, $B = 0$ 또는 $A = 0$, $B = 1$이면 $F = 1$이므로 불 대수식으로 표현하면
                $F = A\overline{B} + \overline{A}B$이다.

22 다음 진리표에 대한 논리회로는?

입력		출력
A	B	X
0	0	1
0	1	1
1	0	1
1	1	0

① AND gate

② NAND gate

③ OR gate

④ NOT gate

> ＊NOTE＊ $X=\overline{A \cdot B}$ 이므로 NAND gate이다.

23 다음 논리회로에서 두 입력 A, B와 출력 X 사이의 관계를 나타낸 진리표에서 A, B, C, D 의 값으로 옳은 것은?

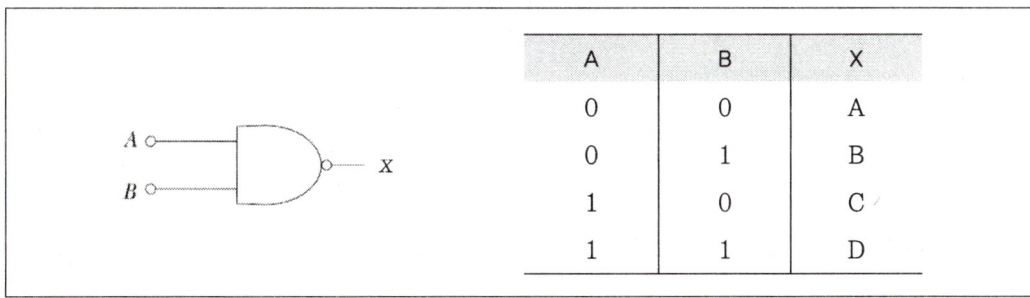

A	B	X
0	0	A
0	1	B
1	0	C
1	1	D

① $A=1$, $B=1$, $C=1$, $D=0$

② $A=0$, $B=1$, $C=0$, $D=1$

③ $A=1$, $B=0$, $C=1$, $D=0$

④ $A=0$, $B=1$, $C=1$, $D=1$

> ＊NOTE＊ $X=\overline{A \cdot B}$ 의 NAND회로이므로 $A=1$, $B=1$일 때만 $X=0$이 된다.

24 다음 표는 논리 게이트의 진리표 중 일부를 나타낸 것이다. 빈 칸에 해당하는 게이트는?

A	B	AND	NAND	( )
0	0	0	1	1
0	1	0	1	0
1	0	0	1	0
1	1	1	0	0

① OR gate ② NOR gate
③ 플립플롭 ④ 인버터

※NOTE※ $C=\overline{A+B}$이므로 OR gate의 반대인 NOR gate이다.

25 다음 그림에서 출력 Y로 옳은 것은?

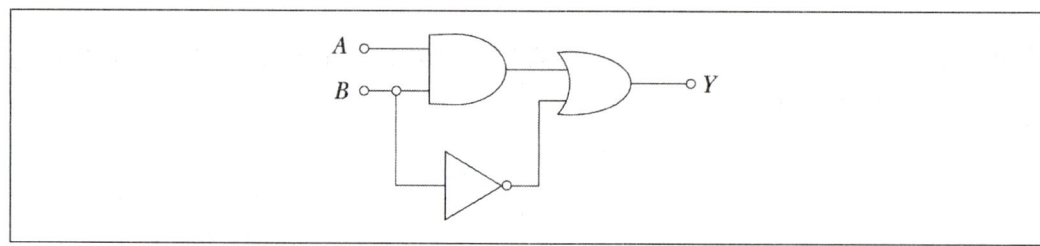

① $(A+B)\overline{B}$ ② $A \cdot B + \overline{B}$
③ $\overline{A \cdot B} + B$ ④ $\overline{A + B \cdot B}$

※NOTE※ AND gate에서 $A \cdot B$, NOT gate에서 $\overline{B}$가 OR gate로 입력이 가해지므로 출력은 $A \cdot B + \overline{B}$이다.

26 다음 회로의 출력식으로 옳은 것은?

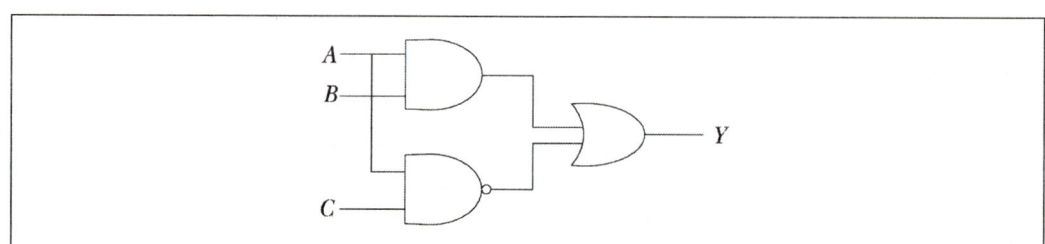

① $\overline{A \cdot B} + A \cdot C$ ② $A \cdot B + \overline{A \cdot C}$
③ $A \cdot \overline{B + C}$ ④ $\overline{A \cdot B + A \cdot C}$

※ **NOTE** ※ AND gate의 출력은 $A \cdot B$, NAND gate의 출력은 $\overline{A \cdot C}$이고, OR gate로 입력이 가해지므로 출력 $Y = A \cdot B + \overline{A \cdot C}$ 이다.

27 다음 그림에서 출력신호의 값이 1이 되는 입력신호 X와 Y의 값은?

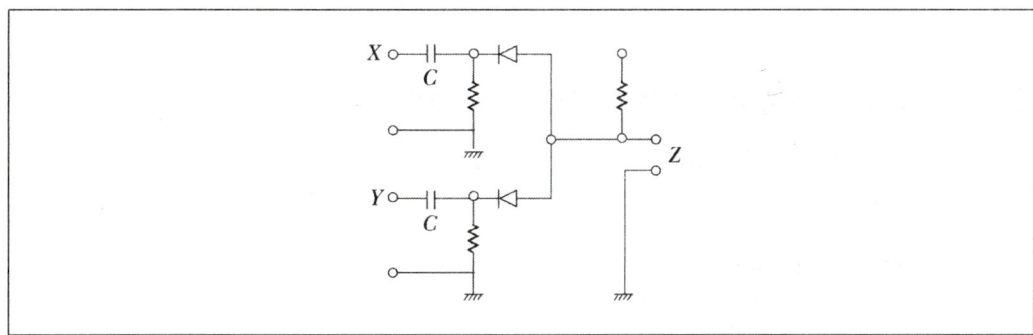

① $X=0$, $Y=0$
② $X=1$, $Y=0$
③ $X=0$, $Y=1$
④ $X=1$, $Y=1$

※ **NOTE** ※ 그림은 AND 게이트(논리곱회로)로 X, Y가 모두 0이면 출력은 1이 되고, 두 입력 모두 혹은 어느 한쪽이 0이면 출력은 0이 된다.

28 다음 그림과 같은 게이트인 것은?

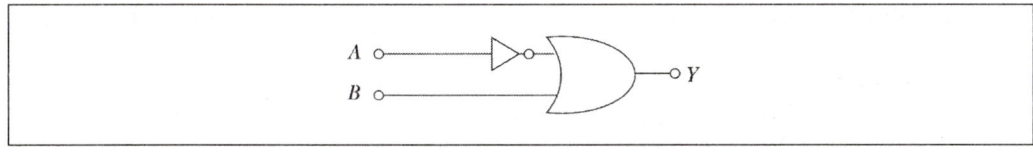

① Ao Bo Y
② Ao Bo Y
③ Ao Bo Y
④ Ao Bo Y

※ **NOTE** ※ $Y = \overline{A} + B = \overline{A\overline{B}}$
① $Y = \overline{A} \cdot B$ ② $Y = \overline{A \cdot B}$ ③ $Y = \overline{A \cdot \overline{B}}$ ④ $Y = \overline{\overline{A} \cdot B}$

05 전자계산기의 논리회로

1 다음 중 P-MOS형 논리 소자의 장점이 아닌 것은?

① 대규모 집적이 가능하다.　　　　② 소비전력이 적다.

③ 잡음 여유도가 크다.　　　　　　④ 고속동작을 할 수 있다.

> ※ NOTE ※ P채널 MOS FET를 주체로 하여 구성한 것으로 응답속도가 저속도이다.
> ※ P-MOS와 N-MOS
> ㉠ P-MOS
> • 장점 : 집적도가 높고, 잡음여유도가 크다.
> • 단점 : 속도가 N-MOS 보다 느리다.
> ㉡ N-MOS : 전원의 극성이 (+)이기 때문에 양극성 직접회로의 접속이 용이하며 전력소모가 크다.

2 집적회로의 특징으로 옳지 않은 것은?

① 크기가 대단히 작고 가볍다.　　　② 신뢰성이 높다.

③ 전력소모가 크다.　　　　　　　④ 조립공정이 간단하며 수명이 길다.

> ※ NOTE ※ ③ 집적회로는 전력소모가 작다.
> ※ **직접회로(IC)** … 작은 규모의 기판 위에 TR, 저항 등의 소자를 많이 집적하여 하나의 회로로 동작하도록 만든 것이다.
> ㉠ 장점
> • 회로를 소형화시킬 수 있다.
> • 신뢰성이 향상된다.
> • 가격이 저렴하다.
> • 수리가 간단하다.
> • 기능이 확대된다.
> ㉡ 단점
> • 전압이 전류에 약하다.
> • 열에 약하다.
> • 발진이나 잡음이 일어나기 쉽다.
> • 정전기에 약하다.

3 RTL회로의 구성에 대한 설명으로 옳은 것은?

① 트랜지스터와 베이스 저항으로 구성된 디지털 논리회로이다.

② 트랜지스터와 저항을 없앤 회로이다.

③ RING형으로 트랜지스터를 선(line)으로 연결한 것이다.

④ 트렌지스터와 트렌지스터로 구성된 회로이다.

❋ **NOTE** ❋ RTL(Register Transistor Logic) … 트랜지스터와 베이스 저항으로 구성된 디지털 논리회로를 말한다.

4 IC 소자를 분류할 때 그 분류에 속하지 않는 것은?

① KNL

② DTL

③ C-MOS

④ RTL

❋ **NOTE** ❋ IC 소자의 분류

㉠ DL(Diode Logic) : 디지털 소자의 구성요소로 사용한다.

㉡ DTL(Diode Transistor Logic) : 최소형 디지털 논리회로로 소비전력이 적고 TTL과 호환된다.

㉢ RTL(Register Transistor Logic) : 저항과 트랜지스터로 구성된 논리회로, 잡음여유, 출력분기수, 동작 속도가 다른 논리회로보다 불리하다.

㉣ TTL(Transistor Transistor Logic) : DTL회로에서 다이오드 대신 여러 개의 에미터를 가진 트랜지스터를 사용하여 구성된 것이다.

• 가장 많이 사용한다.

• 가격이 저렴하다.

• Fan-out이 많이 얻어진다.

• 동작속도가 빠르다.

• 잡음 여유도가 작아 온도의 영향을 많이 받는다.

㉤ ECL(Emitter Coupled Logic) : 바이폴라 트랜지스터를 사용하며 빠른 스위칭 속도를 갖으나, 전력소비가 많다.

㉥ C-MOS(Complementary MOS) : P-MOS, N-MOS를 동시에 사용한다.

• MOS 방식에 비하여 전력소비와 동작속도가 개선되나 집적도가 낮다.

• 소비전력이 극히 작다.

• 잡음 여유도가 크다.

• 전원전압 범위가 넓다.

• D-MOS형 보다 제조 공정이 복잡하고 값이 비싸다.

ANSWER – 1.④ 2.③ 3.① 4.①

5 다음 중 C-MOS형 IC 소자의 장점이 아닌 것은?

① 소비전력이 극히 적다.
② 전원전압 범위가 넓다.
③ 잡음 여유도가 넓다.
④ P형보다 제조공정이 간단하다.

＊NOTE＊ C-MOS … P-MOS와 N-MOS를 한 Chip에 집적시킨 MOS 구조로 된 IC 소자이다. 속도와 밀도는 P-MOS와 N-MOS의 중간특성을 가시며 소비전력이 매우 작아 초소형 컴퓨터, 휴대용 계산기, 진자시계 등에 널리 쓰이고 있다.

6 IC(Integrated Circuit)의 명칭 중 집적도가 가장 큰 것은?

① SSI   ② LSI
③ VLSI   ④ SLSI

＊NOTE＊ VLSI가 LSI보다 집적도가 더욱 높은 IC이다.

7 다음 중 컴퓨터에 많이 사용하는 중규모회로(MSI)에 해당하는 것은?

① SSI   ② 레지스터
③ VLSI   ④ LSI

＊NOTE＊ ① 소규모회로 ③④ 대규모회로

8 다음 중 전력소모가 가장 적은 전자 논리회로는?

① C-MOS   ② RTL
③ TTL   ④ UTL

＊NOTE＊ 전력 소모율
　　　　㉠ C-MOS : 0.01
　　　　㉡ MOS : 1
　　　　㉢ ECL : 40
　　　　㉣ TTL : 10
　　　　㉤ DTL : 8
　　　　㉥ RTL : 12

9 논리게이트의 회로방식 중 동작 속도가 빠른 순서대로 나열한 것은?

① ECL C-MOS MOS TTL RTL DTL

② TTL MOS ECL DTL C-MOS RTL

③ ECL TTL RTL DTL C-MOS MOS

④ TTL C-MOS MOS ECL DTL RTL

✻ **NOTE** ✻ 논리게이트회로 방식의 동작속도 … ECL > TTL > RTL > DTL > C-MOS > MOS

10 IC 소자에 의한 IC 논리회로의 종류에 속하지 않는 것은?

① DTL   ② RTL

③ TTL   ④ CLL

✻ **NOTE** ✻ IC 소자에 의한 IC 논리회로의 종류
　　　　　 ㉠ DTL : 다이오드와 트렌지스터로 구성된 회로
　　　　　 ㉡ RTL : 저항과 트렌지스터로 구성된 회로
　　　　　 ㉢ TTL : 트렌지스터와 트렌지스터로 구성된 회로
　　　　　 ㉣ DCTL : 직결형 트렌지스터 논리회로
　　　　　 ㉤ ECL : 에미터 결합 논리회로

11 N형 MOSFET에 대한 설명으로 옳지 않은 것은? (단, MOSFET은 차단영역에 있지 않다고 가정한다)

① MOSFET 드레인(drain)에 흐르는 전류량은 동일 조건에서 소자의 채널길이(channel length)가 작아지면 증가한다.

② MOSFET 드레인(drain)에 흐르는 전류량은 온도에 영향을 받지 않는다.

③ MOSFET가 포화영역에서 동작할 때, 유효채널길이(effective channel length)는 드레인-소스(drain-source) 사이의 전압(VDS)에 따라서 변할 수 있다.

④ MOSFET의 문턱전압(threshold voltage)은 소스-바디(source -body) 사이의 전압(VSB)에 따라서 변할 수 있다.

✻ **NOTE** ✻ N형 MOSFET와 P형 MOSFET는 드레인에 흐르는 전류량이 온도에 영향을 받으므로 이것을 쌍으로 하여 기본 회로를 구성하여 전력 소모를 낮추고 대규모 집적 회로의 발열 문제를 결정적으로 해결한 것이 CMOS FET이다.

ANSWER – 5.④ 6.③ 7.② 8.① 9.③ 10.④ 11.②

전원회로

01. 정류회로

02. 평활회로

03. 전원회로

01 정류회로

1 다음 회로에서 출력 측의 맥동 주파수는?

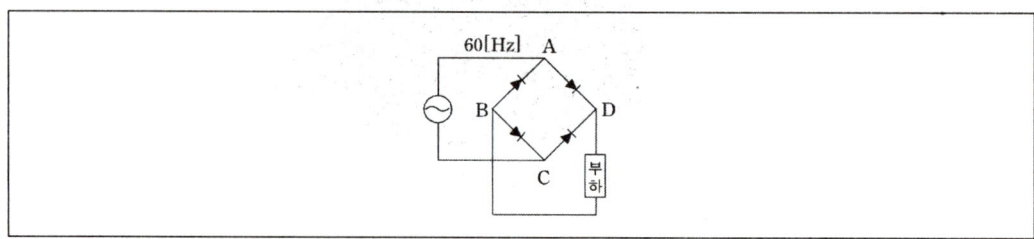

① 30[Hz] ② 60[Hz]
③ 120[Hz] ④ 240[Hz]

> ※ **NOTE** ※ 맥동 주파수는 정류된 직류성분 속에 포함된 교류성분의 주파수를 말한다. 그림은 단상 전파 정류회로에서 입력주파수가 60[Hz]이므로 $2f = 120$[Hz]이다.

2 60[Hz] 전원회로에서 맥동 주파수가 180[Hz]이 되는 정류방식은?

① 3상 반파형 ② 3상 전파형
③ 단상 반파형 ④ 3상 브리지형

> ※ **NOTE** ※ 입력 주파수를 f 라 할 때 정류방식에 따른 출력 주파수
> ㉠ 단상 반파 정류 : $f = 60$[Hz]
> ㉡ 단상 전파 정류 : $2f = 120$[Hz]
> ㉢ 3상 반파 정류 : $3f = 180$[Hz]
> ㉣ 3상 전파 정류 : $6f = 360$[Hz]

3 다음 중 정류에 사용하는 것은?

① Thyratron ② Klystron
③ Magnetron ④ Dynatron

> ※ **NOTE** ※ 정류에 사용되는 것은 다이러트론이고, 정류 소자로는 반도체, 다이오드, 2극 진공판, 가스 방전관, 금속 정류기 등이 있다.

4 반파 정류회로의 최대 효율은 얼마인가?

① 20.3[%] ② 40.6[%]

③ 81.2[%] ④ 98.5[%]

✻ **NOTE** ✻ 반파 정류회로의 정류효율 $\eta = \dfrac{40.6}{1+\dfrac{r_o}{R_L}}$ [%]

반파 정류회로의 이론적 최대 효율은 40.6[%]이다.

5 정류회로의 직류전압이 300[V]이고 리플전압이 3[V]였다. 이 회로의 리플률은 몇 [%]인가?

① 1 ② 2

③ 3 ④ 5

✻ **NOTE** ✻ 맥동률 $r = \dfrac{\text{출력 교류전압의 실효값}}{\text{출력 직류전압의 평균값}} \times 100 = \dfrac{3}{300} \times 100 = 1[\%]$

6 전원회로에 부하를 연결했을 때 9[V]였고, 무부하시 10[V]이었다. 전압 변동률은 몇 [%]인가?

① 8 ② 11

③ 15 ④ 17

✻ **NOTE** ✻ 전압변동률 $= \dfrac{(\text{무부하전압} - \text{전부하전압})}{\text{전부하전압}} \times 100 = \dfrac{10-9}{9} \times 100 = 11.1 ≒ 11[\%]$

7 동일한 다이오드를 병렬로 연결하여 정류기로 사용할 때 회로변화의 주된 특성으로 옳은 것은?

① 역전압에 의한 다이오드의 파손을 방지할 수 있다.

② 순방향 전류를 증가시킬 수 있다.

③ 전원변압기를 연결하여도 항상 사용할 수 있다.

④ 필터회로가 필요없다.

✻ **NOTE** ✻ 다이오드를 사용한 정류회로에서 부하전류를 증가시키기 위한 방법으로 다이오드를 병렬로 접속하며 병렬로 연결하면 전원변압기를 연결하여도 항상 사용할 수 있다.

✦ ANSWER – 1.③ 2.① 3.① 4.② 5.① 6.② 7.③

8 다이오드를 사용한 정류회로에서 다이오드를 여러 개 직렬로 연결하여 사용할 때 나타나는 특성으로 옳은 것은?

① 다이오드를 과전류로부터 보호할 수 있다.

② 다이오드를 과전압으로부터 보호할 수 있다.

③ 부하출력의 리플전압을 감소시킬 수 있다.

④ 부하출력의 리플전압을 증가시킬 수 있다.

✹NOTE✹ 정류 다이오드를 직렬로 여러 개 연결하여 정류가 전체에 역전류를 흘리면 다이오드를 과전압으로부터 보호할 수 있다.

9 정류회로에 대한 설명 중 옳지 않은 것은?

① 단상 전파 정류회로의 이론적 최대 효율은 81.2%이다.

② 단상 반파 정류회로의 이론적 최대 효율은 40.6%이다.

③ 단상 전파 정류기의 맥동률은 2.42이다.

④ 단상 반파 정류기의 맥동률은 1.21이다.

✹NOTE✹ ③ 단상 전파 정류기의 맥동률은 0.482이다.

10 다음 회로는 어떠한 회로인가?

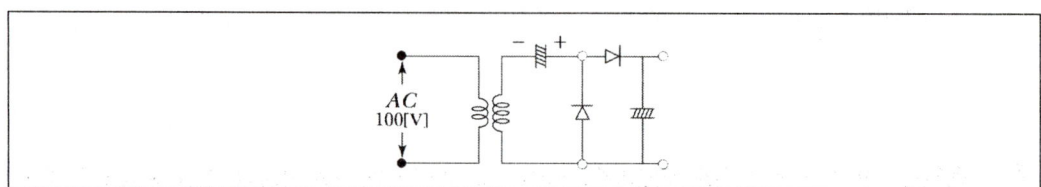

① 반파 배전압 정류회로   ② 브리지 정류회로

③ 전파 배전압 정류회로   ④ 단상 전파 정류회로

✹NOTE✹ 반파 배전압 정류회로 … V_m 주기의 입력신호가 가해지면 처음 반주기 동안 다이오드 D_2에는 전류가 흐르고 입력전압의 최대인 V_m이 C_1에 충전된다. 다음 반주기에는 C_1은 D_1을 통해 방전이 되고 C_2에는 입력신호의 최대전압과 C_1의 최대 충전 전압이 합쳐져 충전된다.
$$2\sqrt{2} \cdot V = 2V_m = V_{dc}$$

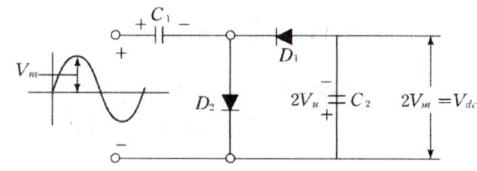

11 반도체 정류기에서 1[V]의 순방향 전압이 걸리면 10[mA]의 전류가 흐르고, 1[V]의 역방향 전압이 걸리면 4[μA]의 전류가 흘렀다면 정류비는 얼마인가?

① 4,000

② $\dfrac{1}{4,000}$

③ 2,500

④ $\dfrac{1}{2,500}$

✻ NOTE ✻ 정류비 $= \dfrac{\text{순방향 전류}}{\text{역방향 전류}} = \dfrac{10 \times 10^{-3}}{4 \times 10^{-6}} = 2,500$

12 단상 전파 정류회로의 이론상 최대 효율은?

① 50[%]

② 78.5[%]

③ 81.2[%]

④ 100[%]

✻ NOTE ✻ 단상 전파 정류회로의 효율 $\eta = \dfrac{0.812}{1 + \dfrac{r_o}{R_L}} \times 100$

즉, 최대효율은 81.2[%]이다. 정류효율은 반파 정류회로의 2배로 이론상 81.2[%]이며, 전압 변동률은 반파 정류와 동일하다.

13 다음 브리지 정류회로에서 연결이 잘못된 다이오드는?

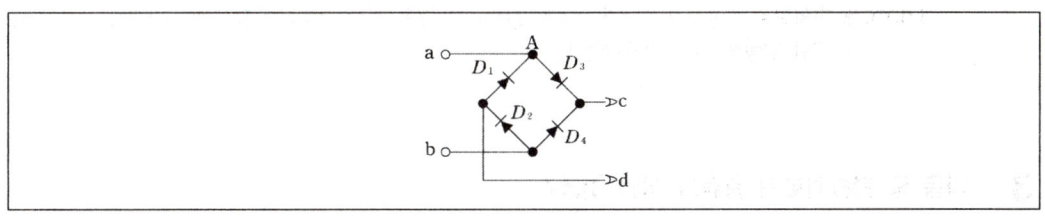

① D_1

② D_2

③ D_3

④ D_4

✻ NOTE ✻

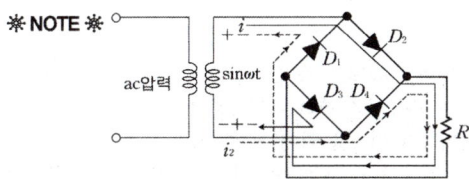

⬡ ANSWER – 8.② 9.③ 10.① 11.③ 12.③ 13.②

02 평활회로

1 정류회로의 초크 코일의 작용은?

① 직류분을 막기 위하여

② 맥류분을 막기 위하여

③ 전압을 낮추기 위하여

④ 전압을 높이기 위하여

✳ NOTE ✳ 초크 코일은 정류출력에 포함된 교류성분에 대하여 높은 임피던스를 나타내며 C에 교류성분을 통과시켜 출력의 맥동을 방지한다.

2 다음 중 정류기의 평활회로에 해당하는 것은?

① 대역 소거 여파기　　　　　　　② 고역 여파기

③ 대역 여파기　　　　　　　　　　④ 저역 여파기

✳ NOTE ✳ 평활회로 … 정류기의 출력 측에 설치하여 출력전압의 맥동 교류분을 제거하고 직류분만을 얻기 위한 일종의 저역 여파기이다.

3 다음 중 평활회로의 종류가 아닌 것은?

① 인덕터 필터　　　　　　　　　　② 콘덴서 필터

③ 콘덴서 입력형 필터　　　　　　　④ 브리지회로

✳ NOTE ✳ ④ 브리지회로는 정류회로이다.
　　※ **평활회로의 종류**
　　　㉠ **인덕터 필터** : 전류의 변화를 억제하는 성격을 가지고 있다.
　　　㉡ **콘덴서 필터** : 부하와 병렬로 삽입하여 저역 필터로 작용한다.
　　　㉢ **인덕터 입력형 필터** : 인덕터 필터보다 맥동을 적게 할 수 있다.
　　　㉣ **콘덴서 입력형 필터** : π형 필터라고도 하며, 맥동률은 낮으나 전압 변동률이 높다.

4 콘덴서 입력형 평활회로의 특징 중 옳지 않은 것은?

① 용량 C가 클수록 정류기에 흐르는 전류는 감소한다.

② 용량 C가 클수록 정류기에 흐르는 전류의 기간이 짧아진다.

③ 정류기(다이오드)에 흐르는 전류는 펄스파형이다.

④ 용량 C가 클수록 출력전압의 맥동률은 작아진다.

    ✽ NOTE ✽ 용량 C가 클수록 정류소자(다이오드)에 흐는 전류의 기간이 짧아지며, 펄스 전류의 크기는 증대
    한다.

5 평활회로에서 초크 입력형의 특징에 대한 설명으로 옳은 것은?

① 부하전류의 변화에 대하여 전압변동이 적다.

② 정류기에 가해지는 역전압이 크다.

③ 평활효과가 적다.

④ 부하전류의 평균값이 작다.

    ✽ NOTE ✽ 맥동률은 인덕턴스에 반비례하며, 부하저항 R_L이 작을수록 부하전류가 클수록 작아진다.

6 인덕터 입력형에 대한 설명으로 옳지 않은 것은?

① 인덕터 필터보다 맥동이 적다.

② 인덕터 필터는 교류성분에 대해 큰 임피러스를 나타낸다.

③ 콘덴서 필터는 교류성분을 우회시킨다.

④ π형 필터라고도 한다.

    ✽ NOTE ✽ 인덕터 입력형 필터는 인덕터 필터와 콘덴서 필터를 같이 사용하여 맥동을 적게 할 수 있다.
    ④ 콘덴서 입력형 필터이다.

ANSWER – 1.② 2.④ 3.④ 4.① 5.① 6.④

7 다음 중 평활회로에 속하는 것은?

① LPF   ② BSF

③ HPF   ④ BPF

> ✳ **NOTE** ✳ ① 교류분은 억제하고 직류에 가까운 저주파 신호만을 통과시키는 것이 평활회로의 목적이므로 Low Pass Filter인 LPF가 평활회로이다.

8 인덕터 필터를 부가시킨 전파 정류회로는 인덕터회로를 부가시키지 않은 전파 정류회로에 비해 맥동률이 몇 배 개선되는가?

① 1.52   ② 2.52

③ 4.52   ④ 5.52

> ✳ **NOTE** ✳ 맥동률 $r = \dfrac{\text{교류 출력전압(실효값)}}{\text{직류 출력전압(평균값)}}$
>
> $$= \frac{\dfrac{1}{\sqrt{2}} \times \dfrac{4V_m}{3\pi} \times \dfrac{1}{\sqrt{R_L{}^2 + (2\omega L)^2}}}{\dfrac{2V_m}{\pi R_L}}$$
>
> $$= \frac{2}{3\sqrt{2}} \times \frac{1}{\sqrt{1 + \left(2\omega \dfrac{L}{R_L}\right)^2}}$$
>
> $$= \frac{2}{3\sqrt{2}} \times \frac{1}{\sqrt{1 + \left(4\pi \times 60 \times \dfrac{3}{10^3}\right)^2}} \fallingdotseq 0.191 \quad \text{이므로} \quad \frac{0.482}{0.191} \fallingdotseq 2.52$$

03 전원회로

1 다음 브리지 정류회로의 B점이 정전위일 경우 정류된 전류가 흐르는 순서로 옳은 것은?

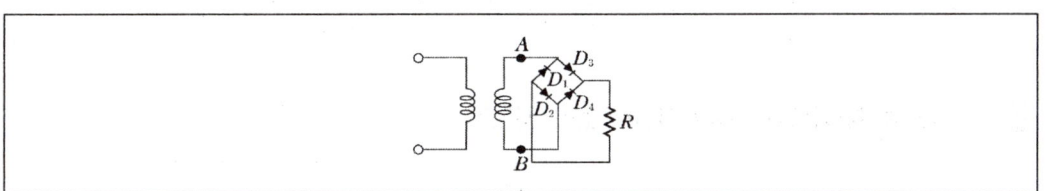

① $A \to D_1 \to R \to D_2 \to A$ ② $A \to D_2 \to R \to D_3 \to B$

③ $B \to D_4 \to R \to D_1 \to A$ ④ $B \to D_4 \to R \to D_3 \to B$

✽NOTE✽ 브리지 정류회로 … 반주기는 D_1, D_2를 통해 전류(i_1)가 흐르고, 나머지 반주기는 D_3, D_4를 통해 전류(i_1)가 흐르게 된다. B점에서 출발하여 정방향으로만 흐른다면 $B \to D_4 \to R \to D_1 \to A$가 된다.

2 제너 다이오드의 용도로 옳은 것은?

① 고압 정류용   ② 검파용

③ 전압 안정회로   ④ 전파 정류용

✽NOTE✽ 제너 다이오드를 사용하게 되면 전류에 관계없이 항상 일정한 전압을 얻게 된다.

3 직류안정화 전원회로에서 출력선의 역할에 해당하는 것은?

① 증폭기   ② 발진기

③ 가변 저항기   ④ 가변 콘덴서

✽NOTE✽ 직류안정화 전원회로에서 출력선은 가변 저항기 역할을 한다.

ANSWER – 7.① 8.② / 1.③ 2.③ 3.③

4 직렬형 정전압회로의 특징으로 옳지 않은 것은?

① 경부하시 효율이 병렬에 비하여 훨씬 크다.

② 과부하시 전류가 제한된다.

③ 출력전압의 안정범위가 비교적 넓게 설계된다.

④ 증폭단을 증가시킴으로써 출력저항 및 전압안정계수를 매우 작게 할 수 있다.

✽ **NOTE** ✽ 과부하시 전류가 제한되는 것은 병렬형 정전압회로의 특징으로 전압 안정범위가 좁아 특수 용도
로만 사용이 한정된다.

5 다음 정전압회로의 TR₂의 역할로 옳은 것은?

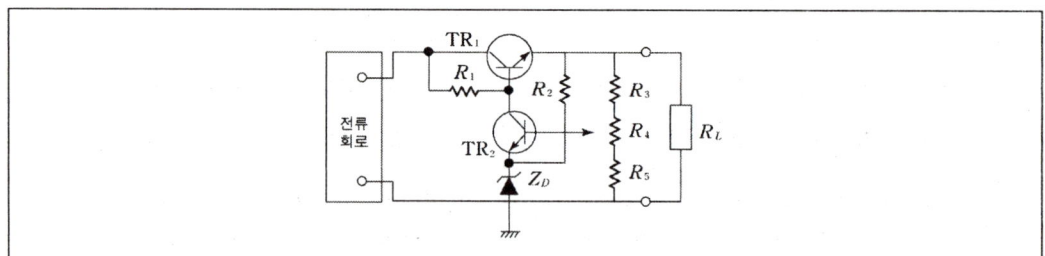

① 제어용   ② 증폭용
③ 비교부용   ④ 기준부용

✽ **NOTE** ✽ 그림은 정전압 안정회로로 TR₁은 제어용, TR₂는 증폭용 트랜지스터이다. 제너 다이오드 Z_D는 기
준부용이며, Z_D 양단의 전압과 TR₂ 바이어스 전압이 비교부용이 된다.

6 전원정류장치 중 관계가 없는 것끼리 짝지어진 것은?

① 평활회로 – 저역 여파기

② 교류 전원상수 – 리플

③ 전원 변압기의 내압 – 주파수

④ 평활용 콘덴서의 용량 – 출력전압의 파형

✽ **NOTE** ✽ 평활회로 … 일종의 저역 여파기로 전원이 단상인가 3상인가에 따라 정류된 출력 리플이 달라지며
평활용 콘덴서의 용량이 클수록 출력전압에는 맥동분이나 부하전류에 의한 변동이 적게 된다. 전
원 변압기의 내압은 코일의 굵기, 회수, 절연상태, 철심 등에 의해 좌우된다.

7 다음 그림과 같은 정전압회로의 설명으로 옳지 않은 것은?

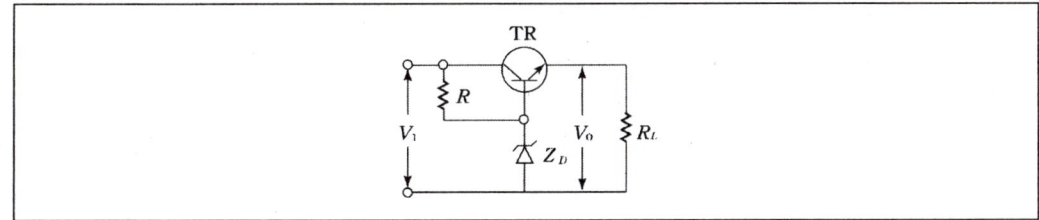

① Z_D 는 기준 전압을 얻기 위한 제너 다이오드이다.

② 부하 전류가 증가하여 V_o 가 저하될 때에는 TR의 순방향 전압이 낮아진다.

③ 직렬 제어형 정전압회로이다.

④ TR은 제어석이고, R 은 Z_D 와 함께 제어석의 베이스에 일정한 전압을 공급하기 위한 것이다.

❋ **NOTE** ❋ 저항 R 은 전류를 제어하는 역할을 하므로, 제너 다이오드가 제너영역에서 동작 할 때, 다이오드 전류에 관계없이 다이오드 전압이 일정하게 유지된다.

TR의 입력전압$= V_Z - V_L$이므로 V_o 가 저하라면 TR의 순방향 전압이 낮아진다.

8 다음 그림과 같은 회로의 명칭은?

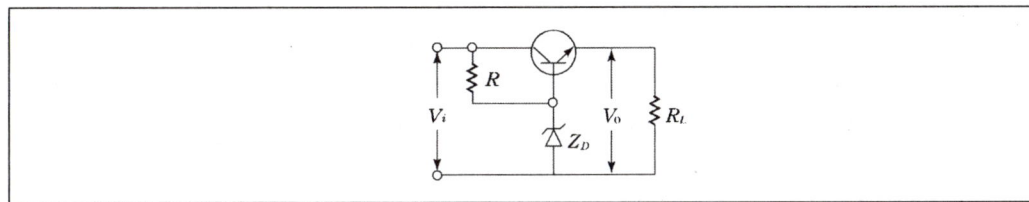

① 병렬 제어형 정전압회로

② 직렬 제어형 정전압회로

③ 병렬형 전류 제어회로

④ 직렬형 전압 제어회로

❋ **NOTE** ❋ 회로는 부하전류가 증가하면 TR의 BE간 순방향 전압이 낮아져 V_o 를 높여주는 직렬 제어형 정전압회로이다.

ANSWER – 4.② 5.② 6.③ 7.④ 8.②

취업준비하기

서원각과 함께 확실하게 취업 대비하자!

〈 자기소개서 및 면접 〉

▲ 자기소개서　　　▲ 취업영어면접　　　▲ 여성을 위한　　　▲ 서울시 공무원　　　▲ 자신감
　　Before&After　　　　　　　　　　　　　 면접핸드북　　　　 영어면접　　　　　 공무원면접

〈 기업체 통합본 〉

▲ 공사공단 채용　　　　　　▲ 금융권 채용　　　　　　▲ 대기업 채용

공사공단 인적성검사　　　　금융권 인적성검사　　　　대기업 채용 인적성검사
공사공단 고졸채용 인적성검사　금융권 채용 법학/ 경영학　대기업 고졸채용 인적성검사
　　　　　　　　　　　　　　금융경제 상식　　　　　　대기업 생산직채용 인적성검사

네이버 카페 검색창에서 '기업과 공사공단'을 검색하셔서 네이버 카페 기업과 공사공단에 가입하시면 각종 시험 정보를 보실 수 있습니다.

서원각
한국사능력검정시험

1단계 한국사능력검정시험(중·고급) **무료동영상강의**
시대·주제별로 모은 실전 연습문제로 기초실력 다지기

2단계 한국사능력검정시험 실력평가모의고사(중·고급) **무료동영상강의**
출제가 예상되는 주요 문제들만을 모은 실전 모의고사로 실력 점검

3단계 기쎈 한국사능력검정시험 30일 벼락치기
30일만에 중요 핵심이론만 공부하여 최종마무리로 합격

1단계
한국사능력검정시험(중·고급)

2단계
한국사능력검정시험
실력평가모의고사(중·고급)

3단계
기쎈 한국사능력검정시험
30일 벼락치기

도도하고, 시원하고, (樂)즐거운 개념서
한국사능력검정시험 중급

이투스동영상 강의 교재 www.historyrang.com
이투스 한국사랑에서 핵심이론을 쏙쏙 골라주는
저자의 강좌 제공

이투스 한국사 대표강사 은동진과 다음 인기 웹툰 작가 Yami가
만났다! 은셰프와 코알랄라가 알려 주는 완벽한 시험 포인트는
QR코드를 통해 무료 제공으로 알아볼 수 있다. 또한 기출문제를
분석하여 시험에 나오는 개념 정리와 출제가 예상되는 핵심
문제를 엄선하였고 지도 및 도표, 사진 등 반드시 알아야 할
사료를 최다 수록하였다.